U0250893

海河干流水环境质量与经济发展模式研究

于　航　白景峰　张春意　主　编
谢为民　王松林　陶　磊　副主编

海洋出版社

2019 年 · 北京

图书在版编目（CIP）数据

海河干流水环境质量与经济发展模式研究/于航，白景峰，张春意主编 . —北京：海洋出版社，2019.11
ISBN 978-7-5210-0467-0

Ⅰ.①海…　Ⅱ.①于…②白…③张…　Ⅲ.①海河-水环境-环境质量-研究②区域经济发展-经济发展模式-研究-天津　Ⅳ.①X143②F127.21

中国版本图书馆 CIP 数据核字（2019）第 250967 号

责任编辑：任　玲　薛菲菲
责任印制：赵麟苏

海洋出版社　出版发行

http://www.oceanpress.com.cn

北京市海淀区大慧寺路 8 号　邮编：100081
北京朝阳印刷厂有限责任公司印刷
2019 年 12 月第 1 版　2019 年 12 月北京第 1 次印刷
开本：787mm×1092mm　1/16　印张：9
字数：176 千字　定价：68.00 元
发行部：62132549　邮购部：68038093
总编室：62114335　编辑室：62100038
海洋版图书印、装错误可随时退换

目　录

第1章 绪 论

1.1 环境质量与经济发展响应模式与机制研究意义

随着科学技术的进步，社会生产力得到极大提高，人类以各种方法改造利用自然的规模越来越大，从自然获取大量资源的同时，排放的废气、废水、废渣等污染物也与日俱增。环境污染与破坏等问题随着全球范围内的工业化进程加快而越来越突出，已发展成为全球性的问题。环境问题是随着经济的发展而不断出现的，而环境因素已成为影响经济发展的重要因素之一。经济增长的环境效应越来越受到经济学家们的关注，引发了环境经济学领域一系列关于环境与经济相互作用的研究。

在可持续发展的背景下，环境资源不仅是经济发展的内生变量，也是经济发展规模的刚性约束，经济发展的规模和速度必须控制在环境资源容量的承载力范围内。因此，客观定量地分析经济效率与环境质量的关系能够提高资源有效利用、控制环境污染，是解决经济可持续发展与环境保护问题的基础，也是当今社会经济发展的主要依托条件。

在学科理论的发展上，可持续发展理论为经济发展带来了全新的视角。如何实现可持续发展？怎样的政策和发展模式才能满足可持续发展的要求？从环境保护的角度来看，可持续发展要求在包括人类社会在内的地区、国家乃至全球生态系统中，人类的经济发展需求要同生态环境质量的提升保持相对一致，同时保证适当的承载力空间，这是一个协调同步的优化发展过程。由此可以说，"可持续"是社会发展的基础和表现形式。因此，可持续发展研究不仅使生态环境保护理论上升到一个新的高度，更为可持续发展理论应用于具体实践提供了理论基础和技术手段，实现了理论与实践的发展与融合。经济发展与环境保护响应机制是可持续发展研究更为综合的一个发展阶段，不仅使可持续发展理论摆脱了单要素研究的局限，而且从整体社会的观点出发，对生态系统的整体运行、发展和前景进行分析与判断；同时，采用可持续发展中平衡、协调和稳定的观点，使经济发展上升到可持续发展的水平，不降低生态环境的质量，得到了里程碑式的发展。对于目前经济发展迅速的我国来说，经济发展与环境质量响应机制研究，是经济与环保两者的结合与发展，可发展出一门独具特色的创新性学科。由此可见，经济发展与环境质量响应的研究具有深远意义，是我国经济快速发展、绿色环保建设的重要保证。

海河流域总体处于重度污染，2016 年 65%的国控断面未达到功能要求，主要污染指标是化学需氧量（COD）、氨氮、5 日生化需氧量（BOD_5）、高锰酸盐指数、石油类、氟化物、溶解氧、挥发酚，枯水期水质最差。"十三五"期间，水质总体呈改善趋势，2016 年劣 V 类水质断面比例为 50%，比 2014 年减少了 5 个百分点。海河流域污染严重的河段主要集中在卫运河、桑干河、北运河、滏阳河、马颊河、府河、清水河、子牙新河、独流减河和永定新河等支流，水质均劣于 V 类。

流域内 28 个集中式地表水饮用水水源地服务人口约 2 000 万人。这些饮用水水源地中，官厅水库、岗南水库、陡河水库、大黑汀水库、大浪淀和岳城水库等不同程度出现水质问题，威胁到饮用水安全。

天津位于环渤海经济圈的中心，是中国北方最大的沿海开放城市，近代北方最早对外开放的沿海城市之一。天津是中国近代工业的发源地，曾有 9 国租界，而天津的五大道素有"万国建筑博览会"之称。天津滨海新区被誉为"中国经济第三增长极"。随着经济的快速发展，天津地区的环境问题也逐渐显现，大型涉海工程直接侵占大面积的滩涂湿地，改变了近岸水动力过程和物质输运模式，排海污染物大幅度增加；整体空气质量有所下降，可吸入颗粒物、二氧化硫年均值逐年上升，各类大型项目的陆续上马，也将对天津市的环境空气质量构成潜在威胁；水体功能逐渐降低，河流水质主要以劣Ⅵ类为主，这些都对天津地区的整体生态环境构成了较大威胁，对经济发展也产生了间接的不利影响，严重阻碍了天津地区的可持续发展。海河干流流域主要流经天津市，自西北向东南流经天津市中心区、东丽区、津南区和塘沽区（现与大港区、汉沽区并入滨海新区）等区域，最后通过海河防潮闸入渤海，其范围包括屈家店闸以下的北运河段 15.15 km，西河闸以下的子牙河段 16.54 km，子北汇流口以下至防潮闸的海河段 73.45 km。三闸间统称海河干流，全长 105.14 km，河面平均宽度约为 100 m，其间被二闸门和海河大桥闸门从总体上分成上、中、下游三段：从起点到外环线为上游段，是中心城区的这一段；从外环线到二道闸为中游段，还保留着田野村庄这些自然空间；从二道闸到入海口为下游段，已形成一个现代化的物流、贸易港口和加工经济区。

海河干流区域是一个水资源相对匮乏而且水环境污染比较严重的地区。近年来，随着滨海新区开发开放步伐的加快，地表河流的生态危机也日益凸显，主要表现为陆源排污超标严重、水量短缺与水质恶化交互影响、境外来水污染较重等。这一系列问题表明，海河干流的水环境承载力正面临严重地考验。要想实现海河干流区域生态环境的可持续性，提高其对人类社会发展的支持能力，遏制其生态退化趋势，推动环渤海经济圈又好又快发展，在研究其经济发展与环境质量之间关联的同时，还必须根据地表河流区域的经济、生态、社会、自然、资源特点，将地表水体的水环境容量与经济发展联系起来，进行评价、预测及优化等研究，才能缓解水环境对天津经济发展的限制作用。

　　本著以天津市及主要入海河流——海河干流为研究区域，开展区域基础数据收集与分析工作，掌握天津当地经济发展与水环境变化的规律；对水环境质量与经济发展模型的研究理论与方法进行分析，在此基础上建立海河干流区域水环境质量与经济发展关联模型，对海河干流区域的经济发展规模进行预测，并提出相应对策措施以及合理的发展模式，对海河干流的污染现状进行分析，估算海河干流污染负荷，并以此为依据分析海河干流的限排总量，为海河干流区域的环境控制和预测经济可持续发展提供一定的参考依据。

1.2　环境质量与经济发展基本概念

　　环境质量与经济发展响应中的"环境"是指在特定区域空间中直接或间接影响人类社会生存和发展的所有生物和非生物要素，通过特定的生态联系形成的有机统一整体。而经济增长是解决环境问题的动力还是引起环境问题的原因？它们之间有何关系和内在规律等问题的讨论引起了环境库兹涅茨曲线（EKC）假说的研究。环境库兹涅茨曲线是用来定量描述经济增长和环境污染水平之间关系的假说。1955年，Kuznets 在关于收入分配与经济发展之间关系研究中提出过著名的"倒 U 形曲线"，即在经济发展过程中，收入差距随着经济增长而加大，一定时间之后，这种差距随经济增长而开始缩小。换句话说，在收入增长的初始阶段，收入分配是不平等的；之后随着经济的增长，收入分配开始变得更加公平。这种研究是基于将环境看作准公共物品，其特征主要包括以下几个方面：

　　（1）在阈值范围内的相对稳定性。即环境各组成要素之间不停地进行物质、能量流动和信息交换，其中任何一个要素的变化都会影响到整体相应的生态关系，但相对于整体生态关系而言，任何生态环境要素的变化都存在一个上限，在这个范围内要素的变化都不会导致生态环境的退化或破坏，即环境阈值。但这种变化一旦超过阈值，生态环境将发生破坏性的巨大变化，甚至导致生态环境的毁灭。

　　（2）弥散性。由于构成生态环境的许多要素（如空气、水、生物物种等）具有弥散性，不具弥散性的要素（如岩石、土壤等）也会通过与其他要素之间的生态联系对整体生态关系产生影响。

　　（3）消费上的平等性。不论环境质量好坏，客观上生活在同一个区域中的任何人都平等地享受相同质量的环境物品。

　　（4）环境质量的可控性。经验表明，区域环境质量演化的轨迹主要取决于区域经济活动对环境的影响以及环境建设投资水平的高低与投资结构状况。因此，环境投资是影响环境质量的重要方面，即环境质量具有可控性。

对比环境物品的特性，可以发现，环境物品的阈值相对稳定性范围，对应准公共物品的可拥挤范围；而环境质量的可控性，对应准公共物品的排他性。因此，环境物品本质上属于准公共物品。而库兹涅茨理论也是基于此基础，描述污染问题与经济发展之间的关系。它假定，如果没有一定的环境政策干预，一个国家的整体环境质量与污染水平在经济发展初期随着国民经济收入的增加而恶化或加剧；当该国经济发展到较高水平（以国民的经济收入超过一个或一段值为标准）时，环境质量的恶化或污染水平的加剧开始保持平稳，进而随着国民经济收入的继续增加而逐渐好转。即：在国民的经济收入如人均国内生产总值（GDP）达到转折点之前，经济收入每增 1%，某些污染物（如大气中的悬浮微粒、二氧化硫浓度、二氧化碳的排放量）的增加幅度会超 1%；在转折点之后，某些污染物的下降幅度会超过收入的增长幅度。形象地说，人均 GDP 与某些大气或水污染物呈倒 U 形关系。

对发展中国家尤其是处于体制转型时期的经济欠发达国家而言，政府的环境政策可能会减缓环境破坏。根据我国环境污染指标与经济发展程度数据呈现较弱的环境库兹涅茨曲线特性的事实，可得出这样的结论：首先，改革开放以来中国政府所推行的环境政策是比较成功的，在经济快速发展的过程中，它减缓了中国环境质量的恶化速度。其次，全球一体化的经济发展模式加上中国的改革开放政策，给中国的技术进步以良好的内外部环境和极大的技术转移机遇。中国的技术进步总体水平有较大幅度的提高。可以预见，中国未来的环境政策和技术进步水平对 21 世纪中国环境的影响将是巨大的。因此，加强对于环境政策的制定，提高经济发展质量对于一个国家或地区有着深远的影响，而研究环境质量与经济发展之间的响应与关联，是制定环境政策的基础，由此可见，对于环境质量与经济发展关联的研究无论从发展角度还是从环保角度来讲，都是至关重要的。

1.3 研究目标与内容

1.3.1 研究目标

水环境质量与经济发展关联研究是当前我国城市不断快速发展形势下需要开展的重要课题。本著以海河干流区域为例，进行水环境质量与经济发展关联的系统研究，并以河流污染负荷能力为限制条件，分析经济发展的对策措施。全面开展天津海域、海河干流及沿岸区域的污染现状调查，分析天津区域存在的主要环境问题，在此基础上开展水环境质量与经济发展关系的方法分析，对现有模型进行修订，构建海河干流区域经济发展与水环境质量数量模型，深入研究经济发展与水环境质量之间的关系，分析经济发展与排污量、河流纳污能力之间的关系，为评价海河干流区域的环境政策提供依据，并根据分析结果提出调整经济发展的具体对策措施，为海河干流开发布局与环境保护提供科学依据，为合理规划海河干流区域开发布局和开发强度、维持资源与环境可持续利用提供技术支撑。

1.3.2 研究内容

1. 海河干流区域环境现状分析

以海河干流区域为主要调查对象，通过展开调研和资料收集工作（表1-1），重点调查海河干流区域近年来的社会经济发展状况、沿岸产业结构布局、海洋总体功能区划、海岸带开发利用情况及天津港近年来的发展变化，为海河干流区域水环境质量与经济发展关联模型的构建提供基础数据。

表1-1 海河干流区域基础数据调查内容

信息类型	基本信息	具体要素
自然信息	水文条件	温度、盐度、潮汐、潮流
	气候气象	风向、风速、太阳辐射、降雨量
	入海河流	河流位置、面积、长度、水深
	海洋灾害	类型、发生频率、影响范围
	特别生境	数量、类型、位置
社会信息	社会产业结构	社会状况（行政区划、人口数量、人口分布、人口密度）
		沿岸经济状况（产业布局、生产总值、滨海新区规划）
		资源开发（渔业、石油、天然气资源年产值）
	海岸工程开发	工程数量、工程位置、海域使用面积
	港口建设	港口建设投资、港口年吞吐量、港口数量、具体位置
	旅游资源利用	旅游区数量、位置、类型、旅游资源年产值
陆源污染	排污口特征	数量、分布
	入境断面	污染物种类、浓度、流速
	入海排污口情况	污染物种类、浓度、流速
	入海河口情况	污染物种类、浓度、流速
海洋水质	污染物浓度	化学需氧量、无机氮、活性磷酸盐、重金属、石油烃
	浓度分布	污染物浓度分布

2. 水环境质量与经济发展关联模型构建方法分析

对水环境质量与经济发展关联模型的研究理论与构建方法进行研究，分析各种方法的优缺点和限制性，结合海河干流区域的发展特点提出具体的模型构建方法与构建理论，对海河干流的水环境变化情况及主要污染控制因子进行分析。在此基础上,对模型中的指标和个别参数进行筛选和调整,形成海河干流区域环境质量与经济发展关联模型。

3. 海河干流区域水环境质量与经济发展关联预测及影响因素分析

利用构建的水环境质量与经济发展关联模型,开展海河干流区域经济发展趋势预测分析,提出水环境对海河干流区域经济发展的限制作用,并对数量模型中的主要影响因素进行分析。

4. 海河干流污染负荷研究

以天津典型入海河流——海河干流为对象,研究其水环境状况,通过分析其污染成因、水环境压力、水功能分区等因素,得出其污染负荷能力。

5. 海河干流限排总量分析

根据上述研究的成果,确定海河干流的限排总量,并提出相应的污染物限排对策措施。

1.3.3 技术路线

本研究技术路线如图 1-1 所示。

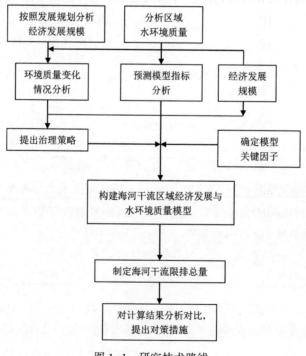

图 1-1 研究技术路线

第 2 章　国内外研究进展

2.1　国外研究进展

2.1.1　流域经济发展与水环境质量研究进展

20 世纪 40 年代，美国鱼类和野生动物保护协会开始对河道内的流量进行研究，并于 1971 年出台河道内流量法确定自然和景观河道的基本流量。在此期间开展了按照系统理论对历史上著名的印度、孟加拉国的布拉马普特拉河流域、巴基斯坦的印度河流域、埃及尼罗河工程等的重新评价和规划，一直到 20 世纪 80 年代初，美国全面调整对流域的开发和管理目标，可以说是生态和环境需水分配研究的雏形，特别是在河道内流量方面已形成较为完善的计算方法，但那时并没有明确指出生态需水量和水环境承载力的概念。英国、澳大利亚、新西兰等国在 20 世纪 80 年代便开始了对河流生态需水量及水环境容量的相关研究。直到 20 世纪 90 年代，水资源和生态环境的相关研究，特别是水环境承载力研究才正式成为全球关注的问题。

在河流生态需水量及水环境承载力领域，国际上早期的研究是关于河道低流量研究。随后，由于河流污染问题的出现，开始对最小可接收流量进行研究。随着河流受人为因素影响和控制的加强，河流生态系统结构和功能开始遭到破坏，生态可接受流量范围的研究逐渐开展。近 10 年来，为了促进水文水资源研究，国际间加强了合作，这种通过国际的合作研究，使得大流域的河流水环境承载力研究不受国家边界的限制，从而为流域水环境承载力的深入研究奠定了基础。

环境质量与经济发展之间关系的研究国外开展也较早，从实证研究到深入的理论剖析都取得了较大进展。20 世纪 50 年代初，Kuznets 在关于收入分配与经济发展之间关系研究中提出了著名的"倒 U 形曲线"，即在经济发展过程中，收入差距随着经济的增长而加大，一定时间之后，这种差距随着经济的增长开始缩小。直到 20 世纪 90 年代，Panayotou 首次把经济发展和环境污染水平的倒 U 形关系称为环境库兹涅茨曲线（EKC）。该假说认为没有一定的环境政策干预，一个国家的整体环境质量和污染水平的关系随着经济增长和经济实力的积累呈先恶化后改善的发展趋势，即在经济发展初期，经济增长的提高会导致环境恶化，当经济发展超越了某一临界点，经济水平的提升反而会有助于降低环境污染以及改善环境质量。Grossman 和 Krueger 首次进行了 EKC 的实证研究，他们对城市大气污染浓度和水污染指标与人均国内生产总值（GDP）的关系进行了统计回归分析，结果表明，大多数环境污染物质的变动趋势与人均 GDP 的变动趋势之间的关系呈倒 U 形曲线形态。他们的研究还表明：在 14 个污染物质的变化中，有 13 个有典型 EKC 的转折点，其相对应的人均 GDP 介于 1 887 ~ 11 632 美元；其中一个环境指标——大气总悬浮颗粒与人均 GDP 之间呈单调下降态势；大部分污染物特征指标的 EKC 的拐点发生于人均 GDP 8 000 美元的位置。他们通过论述得出结论：一旦达到一定的收入水平，空气和水体质量可能随经济增长而得到改善。他们在分析北美自由贸易区协议（NAFTA）的环境效应时，首次证实了环境污染与人均 GDP 存在倒 U 形关系。分别研究了二氧化硫（SO_2）、微尘和悬浮颗粒 3 种环境指标和人均 GDP 之间的关系，发现 3 种污染物与人均 GDP 都呈倒 U 形关系。Grossman 和 Krueger 还对环境库兹涅茨曲线的出现进行了解释：经济发展意味着更大规模的经济活动与资源需求量，因而对环境产生负的规模效应；但是经济的发展又通过技术进步效应（如更为环保的新技术的使用）以及结构效应（如产业结构的升级与优化）减少了污染排放，改善了环境质量。这三类效应共同决定了经济发展与环境质量之间的倒 U 形关系。

Grossman 和 Krueger 利用各国截面数据，考查空气和水污染物质与人均 GDP 之间关系时，发现倒 U 形关系对于 SO_2 和城市的烟雾都是成立的，但饮用水质量、城市卫生与人均 GDP 之间不呈倒 U 形关系，他们的研究结果尤其具有影响力，其结果后来被应用到 1992 年的《世界发展报告》中。而《世界发展报告》较 Grossman 和 Krueger 的研究采用了更大范围的指标来检验，结果表明，环境与经济的发展之间存在的关系不是固定的形式，指出要缓解环境问题是可能的，但不存在一个环境自发改善的过程，只有当环境问题产生了一定的成本或直接损害到人们的生存环境时，才会驱使人们行动起来保护环境。

国外学者对 EKC 进行了大量的实证研究，第一份实证研究开始于 1991 年，自此大量的研究陆续出现。各种实证研究均表明，存在 EKC。实证分析依赖于不同来源的数据，大部分的实证检验数据源自不同国家的不同部门、多部门的面板数据和汇总数据，用于这些研究的大部分数据都是横截面面板数据。由于数据不全，20 世纪 90 年代主要利用面板数据或典型调查数据进行国别 EKC 研究，也有一部分学者利用时序数据进行研究。在国别研究时，使用时间序列最长的达 30 年，最短的为 2 年；国家或地区样本最多的为 73 个，包括发达国家和发展中国家。针对某国研究时，最长的时间序列长度达到了 128 年。

实证研究中数据来源不尽相同，对环境指标的研究主要是大气和水环境指标。

大气环境质量指标主要包括 SO_2、总悬浮颗粒（TSP）、烟尘、一氧化碳（CO）、氮氧化合物（NO_x）等，这些指标的研究基本证实了 EKC 的倒 U 形关系。一般来说，文献中那些对人类健康有直接微小影响的大气污染物还没有发现 EKC 存在的证据。早期以及近年来的研究都发现全球性的污染物质［二氧化碳（CO_2）的排放量］随着收入的增加单调增长或单调下降。

水环境质量指标主要包括化学需氧量（COD）、生化需氧量（BOD）、溶解氧、重金属、有毒化学物质和总大肠菌群等，研究结果比较复杂。有些指标符合 EKC 关系，但是关于曲线的形状和转折点，许多研究得到了矛盾的结果。如 Shafik 发现水中部分环境指标（如大肠杆菌等）呈 N 形曲线。通过 Grossman 和 Krueger 的研究发现，水环境质量指标的转折点比大气出现的更早，反映了水对人们的影响更密切，改善水环境更迫切。

其他环境指标如自然资源利用、市政固体废弃物、饮用水安全、能源利用和交通量等也被用来验证 EKC 假说。这些环境质量指标中，大部分都不支持 EKC 假说。

在大量的实证研究基础之上，许多学者从理论上对 EKC 进行了分析，探讨了 EKC 的各种可能影响因素，推动了 EKC 的研究。Lopez 认为不断累积的生产因素不仅促进了人们收入水平的提高，还增加了企业向环境排放污染物的需求。与此同时，人们收入增加对环境质量的要求也在不断提高，人们对清洁环境的支付意愿也随之增加。人们关注这样一个有意义的问题：EKC 在什么情况下才可能出现？在更好的环境质量条件下，通过静态费用效益分析，Munasinghe 指出 EKC 是边际费用和边际效益曲线相互作用的结果。Andreoni 等则认为，EKC 可以从在消费中想得到好产品和放弃不想要的副产品的技术性联系中直接获得。这和帕累托效率政策以及自由市场经济原理相一致。当污染作为产品生产的因素之一来考虑而不是环境存量成本时，如果环境污染不被计入成本的话，企业就会利用环境存量直到其边际产品价值为零。因此，Lopez 提出环境质量存量应作为生产的一个因素。EKC 的出现是一个动态的过程，作为资本的一部分能够促进环保的发展。Dinda 认为总的费用被分成两个部分：一部分用于产生污染物和破坏现有环境质量的生产过程；另一部分用来治理污染或改善环境的过程。Nessus 和 Bussolo 等认为在生产过程中去除污染物费用对于污染物的消减是至关重要的，但是对持久性污染物如危险废物来说，既不容易去除也不能随便转移，它们使得去除费用在 EKC 中成为非决定性的因素。Bulte 和 van Soest 在不同条件下，从理论上得出了关于环境污染和收入关系的 EKC。

倒 U 形关系或者 EKC 不能对所有类型的污染物一概而论。EKC 假说最容易让人信服的环境指标是一些空气污染物的指标，但对 CO_2 的排放，EKC 关系不具有任何有意义的表现形式。EKC 的概念不能应用于所有的环境因素，例如，一些不可逆的环境因素、土地利用方式的改变或生物多样性的损失，这些因素和空气、水污染具有概念性的不同。有一种 N 形的曲线，该曲线开始与倒 U 形曲线类似，但是当收入超出某一特定的水平后，环境压力和收入的关系呈现出正相关关系。随着人口压力的不断增大，环境质量同样会恶化。即意味着，即使 EKC 存在，全球人口的增长也会造成环境破坏。客观的实证研究不仅是为了寻找现存的关系，而且有助于预测未来。预测环境质量实际上依赖于估计的收入—环境关系（该关系取决于观察的数据）。如果现存的关系在将来适用的话，预测会很有意义。对环境标准和管理带来的全球性压力，使得现有的 EKC 关系并不能保证在未来就会存在。

方法论方面，大部分研究都采用横截面数据来验证一些国家的 EKC 假说，但是对特定国家的 EKC 并没有给予足够重视。在同一面板上汇集不同国家数据的背后，其基本假设是这些国家的经济发展轨迹是相同的。由于社会、经济、政治和生物物理因素，国家之间的差异非常大，这些因素可能会影响到环境质量。有关环境质量真实数据的不可获得性是所有 EKC 研究的主要局限。诚然，环境质量并不是容易精确衡量的。简化形式而非结构形式的方程被应用于大多数 EKC 研究。事实上，环境质量是和个别国家的投入（经济措施）有关，但是简化形式对一般的因果机制仍然反映不出来，因此更多的结构形式可能需要探索。

上述国外学者的研究结果虽然都表明了 EKC 的存在，但是也有一些学者的实证分析并不支持 EKC 假说。例如，Kaufmann 的研究结果反映了人均 GDP 和 SO_2 之间呈正 U 形关系；Shafik 的研究成果表明，安全饮用水和城市卫生状况随着收入的增加而持续改善，而河流水质量、城市固体废弃物和硫的排放状况随着经济的增长不断恶化，森林遭受破坏的程度与人均 GDP 没有关系；Meyer 等通过对 117 个国家的考察，得出森林遭受破坏的程度与人均 GDP 呈正 U 形关系。因此可以看出，目前国外对于库兹涅茨理论研究的准确程度还存在一定分歧，其影响因素还需进一步研究。

关于水体纳污能力研究与管理，国外开展较早。在 1902—1909 年，Kolkwitz-Marsson 等提出了生物学的水质评定分类法。其后美国根据河流水质情况进行污染分类。加拿大在 20 世纪 60 年代前主要是由地方一级政府进行水环境质量管理，到 1971 年认识到水环境的重要性，成立了联邦政府环境部。俄罗斯从苏联时期开始就一直把水环境的保护置于国家组织"水文气象与自然环境保护国家委员会"控制之下。苏联早在 1918 年就颁布了第一个保护水环境的法令，对污染河流的工业废水实行严格控制。在 20 世纪四五十年代，美国、英国、日本、德国也分别制定了区划性的水污染控制法。在美国，水污染控制法于 1948 年生效。1958 年 12 月，日本颁布了《水质保护法》和《工厂废水控制法》，并于 1959 年 3 月生效。1971 年 6 月，日本又颁布了《水污染控制法》。法国于 1964 年颁布了《水域分类、管理和污染控制法》（以下简称《水法》）。1992 年法国通过并颁布了《新水法》，在更广泛的意义上管理水资源，包括对取水、用水、排水进行全面管理，按照其规定，用水必须得到环保部门的许可，向水体排放污水也要得到批准，同时还必须满足国家规定的排放标准要求。日本学者中村首先提出环境容量的概念，即水体的纳污能力；之后，日本学者柴崎达雄提出了地下水环境容量的概念，给环境容量赋予新的内涵。环境容量于1968年提出后到1975年才从定性的概念发展到定量化。尔后，日本国会通过了一项法案，把环境容量具体应用到河流及海洋的环境管理工作中。为了防止东京湾及濑户内海水质的进一步恶化，提出了对污染物实行排放总量控制，改变了过去用排放浓度控制的办法，使水质发生了显著的好转。自日本环境厅委托卫生工学小组提出《1975年环境计量化调查研究报告》以来，环境容量在日本得到了广泛应用。以环境容量研究为基础，逐渐形成了日本环境总量控制制度。

目前，国外学者针对多种具体污染物的研究都证实了EKC的存在，对于EKC形成原因的理论解释，可以总结为以下4点。

(1) 环境污染与经济增长之间的倒U形关系是经济发展自然进程中的反映。随着收入的提高，服务业在一国的产出中所占的比重逐渐增大，污染密集型的生产活动则被转移到其他低收入的国家。通过国际上的贸易和直接投资造成了"在低收入国家生产高污染产品，在高收入国家消费这些产品"的局面，这种"环境倾销"使发达国家环境质量好转，但其代价是发展中国家的环境恶化程度加深。

(2) 经济发展带来的经济结构变迁、城市化、技术进步等是环境质量发生变化的主要原因。城市化中后期，城市拥有较为完善和集中的污染控制措施，企业生产工艺、污染治理技术以及城市科研水平的提高，都会使污染水平开始下降。这是因为当人均GDP提高时，经济规模变得越来越大，需要资源的投入越来越多，而产出的提高意味着经济活动副产品带来的污染增长，从而使环境状况恶化，这就是规模效应。规模效应是收入的单调递增函数。与此同时，经济发展也使其经济结构发生变化，当一国经济从以农耕为主向以工业为主转变时，污染加重，因为伴随着工业化步伐的加快，越来越多的资源被开发利用，资源消耗速率开始超过资源的再生速率，污染大幅度增加，从而使环境质量下降；而当经济发展到更高水平时，产业结构升级，能源密集型为主的重工业向服务业和技术密集型产业转移，污染减少，这就是结构效应。结构效应暗含着技术效应，因为产业结构升级需要技术支持，即用较为清洁的生产技术代替污染严重的技术。可以说，倒U形环境变化曲线的产生正是规模效应与技术效应二者之间权衡的结果。

(3) 经济增长过程中的技术变化、污染治理和生态保护需要资金的投入。发展的早期阶段，主要资本用于发展经济，很少或者是没有资金用于投入清洁技术以及环境保护，以至于经济的快速增长引起了污染物的大量排放和资源的消耗，使得环境质量下降；发展进入高级阶段，人均GDP水平提高，可以拿出更多的财政收入来进行技术革新、发展循环经济、加大环保投资力度。

（4）经济个人的偏好变化，即环境舒适的需求具有收入弹性，也就是说，直到消费者的收入达到较高的水平时，对环境的需求才在其预算中占有一定的比例，当人口素质不断提高，对环境也就更加关注。早期阶段，人们只关心衣食住行，对环境舒适要求很低，当进入高级阶段，会要求更好的环境质量，开始关注生态问题，愿意支付更多的金钱获得较高的环境质量。随着国民收入提高，产业结构变化，人们的消费结构也随之变化，人们自发产生对优美环境的需求，此时环境服务成为正常品，收入水平越高，这种需求越迫切，即高收入时的环境需求收入弹性大于低收入时的环境需求收入弹性。因此，随着收入水平提高，人们会主动采取环境友好措施，并从个人消费角度自发作出有益于环境的选择，从而逐步减缓乃至消除环境污染。

2.1.2 流域综合治理研究进展

在经济发展与环境质量关系的研究基础上，国外学者开展了大量流域水资源综合开发与管理的研究及应用。以流域为单元对河流与水资源进行综合开发与管理是水文地理和生态科学发展的结果，也是适应综合开发和利用水资源、发挥水资源最大经济效益的需要。

近几十年来，各国都结合本国的国情对流域水资源的管理体制、政策、法规、法律进行不断的调整与探索。美国 1965 年《水资源规划法》要求建立新型的流域机构；法国根据 1964 年的《水法》建立了全国范围的流域管理体制；英国先后在1973 年和 1989 年两次调整了流域管理体制。这些举措大大丰富了水管理的理论和实践，在促进水资源开发和利用方面发挥了巨大的作用。目前，以流域为单元对水资源进行综合开发与统一管理，这一认识已为许多国际组织接受和推荐，形成了一股潮流。1964 年，欧洲议会通过的《欧洲水宪法》，提出水资源管理应以自然流域为基础，而不应以政治和行政区域进行管理。联合国环境与发展会议通过的《21 世纪议程》，全面阐述了流域水管理的目标和任务，指出实现这一目标和任务的途径可有多种选择，应当根据各国的政治、社会、经济情况，水管理的目标和当前的主要矛盾，水管理的历史沿革，国家的体制来进行制定。从各国成功的流域管理模式来看，尽管都取得了很大的成绩，但是，在管理体制、管理方法和管理目标等方面却又各不相同。

在管理范围上，美国田纳西河流域管理局的职责包括了流域内水土资源开发，发展地区经济；法国的流域管理主要是流域水污染的控制；英国则以城市的供水和水污染治理为主要任务。

在管理方法上，大部分流域管理机构，国家都赋予其对流域内水资源和河道的开发利用的行政管理权。在进行流域统一管理的同时，流域管理机构都直接参与水利工程的建设和管理。但是法国的流域管理机构，则是通过对地方和企业水利工程的资助和有效的协调监督、服务来实现流域管理，不经营、建设和管理水利工程。

在流域开发方式上，美国田纳西河流域和法国罗纳河流域的开发是以水电的开发为龙头，实现流域的滚动开发；英国的流域开发则是以城市供水和污水处理为中心的流域综合开发。

虽然各种流域管理模式各具特点，但是在流域综合管理上有许多共同的经验。

（1）流域的开发与管理已经从单一目标到多目标、综合开发与管理发展。流域的开发与管理不仅要为所有人提供防汛安全保障，数量充足、质量优良的供水，同时要统筹城乡供水、水力发电、渔业、航运、水上娱乐、水质保护等各地区、各部门的多方面利益，要维护生态系统的水文、生物和化学方面的功能，使人类活动适应于大自然的承载力，并防治以水为媒介的疾病。目前，水资源开发利用和管理中普遍存在的突出问题是洪水、缺水、水污染。因此，流域开发与管理应当包括地表水和地下水、水质和水量。在发达国家，水质保护的重要性已经超过了水量问题。

（2）逐步建立和完善流域统一管理与行政管理相结合的管理体制，把资源管理与开发利用分开。由于流域水的开发利用和管理涉及各地区、各部门，利益关系十分复杂，为此，各国都赋予流域管理机构相当大的权力，以保证其完成所承担的职责，同时又在不断地探索和调整适合各自国情的管理体制。近 30 多年的发展表明，以国家和地方为基础的管理，以流域为基础的管理在不同的国家都找到了各自适宜的模式。但是，总的趋势是更强调以流域为基础，与国家和地方行政监督、协调相结合的管理体制。

（3）实现流域综合管理的先决条件是能力。能力建设包括：①以适当的政策和法律体系，保障流域综合管理的实施，创造一个有利的条件。各国都以法律的形式明确流域机构的地位、职责、权利、与地方的关系、组织机构和财务管理，使流域管理的各个方面都有法可依。②完善和发展与流域综合管理职能相适应的管理体制，包括吸收当地社团的参与。特别是各国都十分注重建立有政府各有关部门、地方政府、用水户参加的流域管理组织，形成一种民主协商的流域管理体制。③开发人力资源，包括加强管理制度和提高用水户的关心程度。④开展面向社会的宣传教育，提高各阶层的认识。如法国把定期和不定期向社会发布各种水信息，让社会了解流域开发和管理中存在的问题，动员社会关心支持流域工作，作为流域管理的一项重要内容。

（4）各国在赋予流域管理机构很大行政管理权的同时，还给予了相当的自主权。不管流域机构采取哪种体制，流域机构都具有雄厚的技术力量，否则就无法发挥指导、审核和监督的作用。

（5）流域综合开发与管理的实施，都得到了各国在政策上的支持。各国在流域开发和管理中，在财政、金融、信贷、税收、投入等方面都给予扶持。这是一些国家流域开发和管理取得成功不可缺少的基本条件。

（6）一个好的流域规划是进行流域综合管理的基础。美国田纳西河、法国罗纳河的成功开发，是因为其一开始便制定了一个好的流域规划，经过几十年坚持不懈地按照规划进行开发治理，从而取得了举世瞩目的成就。

2.1.3　水质与水生态需水模型研究进展

生态环境需水量研究最早始于国外，主要集中在河流方面。20世纪40年代，美国渔业与野生动物保护组织为避免河流生态系统退化，规定需保持河流最小生态流量，并提出最早的生态环境需水量概念，即环境用水，指服务于鱼类和野生动物、娱乐和其他美学价值类的水资源需求。主要包括：联邦和州确定的自然和景观河流的基本流量，用于航运、娱乐、鱼类和野生动物保护以及景观等美学价值等的河道内用水，湿地保护区包括咸水湿地、微盐沼泽和淡水湿地的湿地需水，以及为保持和控制海湾和三角洲的环境包括咸度、入海流量而规定的海湾和三角洲的需水量。但直到1971年才利用"河道内流量法"计算了河流的基本流量。20世纪70年代初，美国全面调整流域的开发和管理目标，形成了生态和环境需水分配研究的雏形，特别在河道流量求解方面形成了较为完善的计算方法。但是并没有明确提出生态环境需水的概念，直到20世纪90年代以后，开展了水资源和生态环境的相关性研究后，生态环境需水才正式成为全球关注的焦点问题之一。在其后来的研究中将此概念进一步升华并同水资源短缺、危机与配置相联系。澳大利亚、英国、新西兰等国家在20世纪80年代开始接受河流生态流量的概念并广泛开展研究。日本从保护和创造良好的风景、水域、游览胜地和保护动植物生物资源及历史文化遗产的角度考虑，采用人工措施创造水流、蓄水、净化环境等，增强水生生态环境的功能，此类用水总称为环境用水。

国外早期的研究主要是对河道枯水流量的研究，目的主要是满足河流的航运功能。对最小可接受流量的研究则始于河流污染问题出现之后，它要求除了满足航运功能外，还要满足排水纳污功能。随着河流受人为因素影响和控制的加强，河流生态系统功能遭到破坏，开始对生态可接受流量范围进行研究。河流生态系统的保护和恢复，不仅要考虑最小流量，还要求有一个流量范围以满足生态需求，并且保留水量的大小随保护和恢复的程度而变化，便是生态可接受流量范围。随着经济的不断发展，水资源开发利用程度不断提高，资源用水与生态用水的矛盾日渐突出，渔场不断减少，河道内的生物多样性也逐渐减少。美国、法国、澳大利亚等国家都开展了许多关于鱼类生长繁殖和产量与河流流量关系的研究，从而提出了河流最小生态或生物流量的概念，并研究了许多计算和评价方法。

　　水质评价方法是环境质量评价理论的核心，水质评价是水环境容量计算和水资源系统规划管理的基础，有其独特的重要性。20 世纪初，世界上一些河流水质日趋恶化，用水安全得不到保证，水质问题越来越受到人们的重视，水质评价工作也随之发展起来。另外，国外许多学者还从水环境承载力的角度进行流域以及海洋水环境治理与管理研究。1995 年，全球海洋生态系统动力学研究计划（GLOBEC）被纳入国际地圈生物圈计划（IGBP）的核心计划，海洋生态系统动力学研究成为当今海洋科学跨学科研究的国际前沿领域。20 世纪 80 年代以来，在围绕大西洋北海和地中海生态研究以及美国乔治亚海和日本若干海湾的生态研究中，提出了几十个不同营养层次和类型的海洋生态动力学模型。

　　20 世纪 80 年代以来，社会发展和科学进步为海洋科学发展提供了新的机遇，产生了一系列大型国际海洋研究计划，如"世界气候研究计划"（WCRP）推动的"热带海洋与全球大气计划"（TOGA）、"全球海洋环流实验"（WOCE）、"国际地圈生物圈计划"（IGBP）倡导的"全球海洋通量联合研究"（JGOFS）和"海岸带海陆相互作用"（LOICZ）等。在这些计划的发展过程中，人们发现海洋物理过程与生物资源变化密切相关，但对其相互关系研究基本上空白。于是多学科交叉综合研究成为海洋生态学发展的生长点，把海洋看作一个整体来研究它的生态过程和受控机制，同时对研究的区域规模和时间尺度也有了较多的要求，产生了一些新的概念和理论。20 世纪 80 年代中期，美国等国家提出和发展了大海洋生态系（LMES）概念。它以 200 海里专属经济区为主，将全球海洋划为 50 个大海洋生态系，我国的黄海生态系统和东海生态系统是其中的两个。这 50 个大海洋生态系统虽然仅占全球海洋面积的 10%，但它包含全球 95% 以上的海洋生物资源产量。大海洋生态系作为一个具有整体系统水平的管理单元，使海洋资源管理从狭义的行政区划管理走向以生态学和地理学界为依据的生态系统管理，有利于解决海洋可持续发展以及跨界管理的有关问题。为此，大海洋生态系的动态变化及其机制受到了关注，科学家们注意到海洋生物资源的变动并非完全受捕捞的影响，渔业产量也和全球气候波动密切有关，环境变化对生物资源补充量有重要影响。一些生物、渔业海洋学家还认为，浮游动物的动态变化不仅影响许多鱼类和无脊椎动物种群的生物量，同时，浮游动物在形成生态系统结构和生源要素循环中起重要作用，从而也对全球的气候系统产生影响。因此，1991 年在国际海洋研究科学委员会（SCOR）和联合国政府间海洋委员会（IOC）等国际主要海洋科学组织的推动下，"全球海洋生态系统动力学研究计划"（GLOBEC）开始筹划，1995 年该计划被遴选为 IGBP 的核心计划。

　　国际 GLOBEC 科学指导委员会为推动海洋生态系统动力学学科发展做出了重要贡献，它先后于 1994 年召开了国际 GLOBEC 战略计划大会，1997 年公布了 GLOBEC 科学计划，1998 年召开了国际 GLOBEC 科学大会，1999 年公布了 GLOBEC 实施计划。国际 GLOBEC 的目标被确定为：提高对全球海洋生态系统及其主要亚系统的结构和功能以及它对物理压力响应的认识，发展预测海洋生态系统对全球变化响应的能力。主要任务是：①更好地认识多尺度的物理环境过程如何强迫大尺度的海洋生态系统变化；②确定生态系统结构与海洋系统动态变异之间的关系，重点研究营养动力学通道、它的变化以及营养质量在食物网中的作用；③使用物理、生物、化学耦合模型确定全球变化对群体动态的影响；④通过定性定量反馈机制，确定海洋生态系统变化对全球地球系统的影响。目前国际 GLOBEC 已在全球范围内形成 4 个区域性研究计划："南大洋生态系统动力学"、北大西洋的"鳕鱼与气候变化"、北太平洋的"气候变化与容纳量"和全球性的"小型中上层鱼类与气候变化"。与此同时，国家计划也得到迅速发展，先期发展的国家有美国、日本、挪威、加拿大、中国和南非等，近期发展的国家有英国、德国、法国、荷兰、巴西、智利、新西兰等。在这些研究计划中，"过程研究"和"建模与预测研究"成为重中之重，表明海洋生态系统动力学是一项目标明确、学术层次高的基础研究计划。另外，无论是大区域性研究计划，还是国家计划，均与生物资源可持续利用问题相联系。人们在关注人类活动和气候变化对海洋生态系统影响的同时，更为关注它对海洋生物资源的影响，特别是对与全球食物供给密切相关的渔业补充量变化的影响。

　　Huisman 和 Weissing 构造了营养物质–浮游植物的微分动力学模型，发现在系统出现混沌动力学行为的时候，多种浮游植物可以依赖少数几种营养物质共存，为浮游生物理论提供了一种新的解释；Karolyi 和 Scheuring 等利用格子模型模拟混沌混合的水体，发现混沌混合有利于水生生物的多样性维持。以上两种观点并没有涉及复杂性与多样性的关系，而是从复杂动力学的角度去研究生物多样性的维持机理。Raffaelli 指出海洋生态系统多样性的研究重点应该放在多样性与生态系统功能的关系和多样性的丧失对生态系统功能的影响上；当前描述海洋生态系统物质循环的系统动力学模型一般采用生物地球化学模型，主要研究的对象是碳（C）、氮（N）、硅（Si）、铁（Fe）、磷（P）等元素；Anderson 和 Pondaven 应用这种模型研究了大西洋百慕大海域的 C 和 N 的循环，模型结果与该海域表层海面溶解有机碳下降相吻合，但是 C/N 输出比偏高，说明 C 和 N 循环具有相互作用的复杂性。

2.2　国内研究进展

2.2.1　水资源承载力研究进展

国内对水环境承载力的研究较晚，研究方法虽多，但研究理论及计算方法只是处于探索阶段，概括起来可分为如下三类。

（1）综合指标法：这是一种采用统计方法、选择单项和多项指标、反映区域水资源现状和阈值的简捷方法。例如，用区域人均占有水量和水资源开发利用率大体判断区域水资源承载力的现状与潜力。国内研究经验认为：当某个区域人均水资源占有量少于 500 m³，水资源开发利用程度达到 70%时，如不采用高效用水措施和生态环境保护措施，必将造成严重的社会与生态环境问题。这些指标基本上可反映区域水资源承载力的状况，并具有直观、简便、综合的特点，因此，综合指标法得到了较为广泛的应用，但提出问题的精度和深度不够具体和细致。

（2）模糊综合评价法：模糊综合评价法就是用模糊数学对受多种因素制约的事物和现象作出一个总体评价的方法。一般的综合评价有两种方法：总分法和加权法。当评价难以用一个简单的数值来表示时，采用模糊综合评价法，其数学模型通常分为一级模型和多级模型两类。其实质就是将评价对象的各项属性和性能作为因素集或是参数指标，然后建立评判集和评判矩阵，因素集、评判集和评判矩阵整体构成一个评判空间，然后对因素集中各因素进行不同的侧重，赋予不同的权重，从而进行综合评价。在此过程中，建立多级模型的目的是希望能在较小的范围内比较方便地确定较少因素的重要性，以提高准确度，便于确定各级评判中的权向量。模糊综合评判的实质就是对主观产生的离散过程进行综合的处理，将模糊综合评判运用于区域水资源承载力的评价中，无论是在评判因素的选取上，还是因素对承载力的影响程度上，都显得有些力不从心，因而存在一定的局限性，使用上需确定应用条件。

（3）主成分分析法：主成分分析法是统计分析中的一个重要方法，在系统评价、故障诊断、质量管理和发展对策等许多方面有应用。近年来，主成分分析法也被引入到资源承载力的研究中。主成分分析法的原理是利用数理统计的方法找出系统中的主要因素和各因素的相互关系，然后将系统的多个变量（或指标）转化为较少的几个综合指标的一种统计分析方法。具体操作是首先将高维变量进行综合与简化，同时确定各个指标的权重，通过矩阵转换和计算，将多目标问题综合成单指标形式，将反映系统信息量最大的综合指标确定为第一主成分，其次为第二主成分，依次类推。主成分的个数一般按所需反映全部信息量的百分比来确定。

2.2.2 水环境质量与经济发展研究进展

在经济发展与环境质量之间联系的研究中，国内开展相对国外较晚。国内关于经济发展与环境污染的关系的研究始于 20 世纪末，研究内容以实证研究居多。研究对象主要集中在国家和省级（直辖市）层面上，一部分研究以我国不同年份的经济和环境数据为样本来分析，其他则以省市层面的数据来研究。鉴于国外已有的研究成果和经验，国内学者大都采用时间序列数据进行分析，很少采用横截面数据和面板数据。

目前，我国关于 EKC 的研究已经初步展开。有学者对中国的经验数据建立了二次函数形式的计量模型，以人均 GDP 为横轴，分别以多种环境指标以及人均量环境指标为纵轴，得到了一组倒 U 形的弱 EKC，这说明中国在工业化进程中环境政策得力，污染水平尤其是大气污染水平会逐渐趋缓并走向改善。杨凯和叶茂对上海1978—2000 年间人均 GDP 与城市废弃物增长数据的拟合计算表明，上海城市废弃物增长与人均 GDP 之间存在比较明显的 EKC 特征，EKC 的转折点为人均 GDP 约 33441 元，对应的城市废弃物达到相应的理论计算峰值约 $7.79×10^6$ t，上海的人均 GDP在 2000 年已经达到 34 547 元，相应的城市废弃物清运量为 $7.41×10^6$ t，略低于理论拟合计算峰值，说明上海城市废弃物增长的演变在 2000 年前后的一段时期，总体已经处于 EKC 的理论峰值转折点附近。肖彦和王金叶选取 14 年的工业"三废"数据对广西壮族自治区 EKC 进行了研究，建立了二次、三次函数形式的计量模型并进行回归分析，研究结果指出：广西壮族自治区人均 GDP 与工业废水排放量的曲线呈正U 形，与工业废物及工业废气排放量呈倒 U 形的左半部分。

张晓对中国环境政策评价时，利用 1985—1995 年的时间序列数据对中国的经济发展状况和环境污染水平进行了研究，通过对人均 GDP 和大气污染物浓度以及排放量的关系研究发现，两者之间呈弱 EKC 特性：中国大气污染物的转折点位于人均GDP 1 200~1 500 元（1978 年价），而 1997 年中国人均 GDP 已经达到 1 300 元，说明大气污染物开始进入转折期。此后，在对经济发展与环境污染关系的研究中除了出现经典的倒 U 形曲线外，还出现了 U 形和 N 形等曲线关系，反映了经济增长和环境污染关系的动态复杂性。曹光辉等、冯树才和李国柱用 1985—2003 年更长时间段的数据对我国的 EKC 进行了研究，发现人均废气排放量与人均 GDP 之间关系并不是呈倒 U 形的，而是呈 N 形的，即最初废气污染程度随着人均 GDP 的上升而上升，到达一个转折点后将随着人均 GDP 的上升而下降，再到达另一个转折点后，又随着人均 GDP 的提高而上升。另外，根据他们的验证结果，人均 GDP 和废水排放量没有明显的曲线关系。曹光辉等利用三次多项式方程拟合发现人均固废产生量和人均GDP 呈现 U 形，即先下降后上升；冯树才和李国柱则根据原始数据取对数后的三次多项式方程拟合发现人均固废产生量和人均 GDP 呈现 N 形。可以看出，应用不同形式的计量模型拟合、不同的研究时间段以及不同的环境指标，得出的结论有可能不同。陆虹对我国 1976—1996 年的 CO_2 排放量统计研究发现，从大气中 CO_2 含量的角度来看，人均 GDP 和人均 CO_2 排放量存在着交互影响作用，并不是简单的倒 U 形关系。李海鹏等在 EKC 假说扩展的基础上，分析和验证了收入差距和环境质量的关系，结果发现，收入差距增大会刺激 CO_2 的排放，收入差距越大这种影响就会越恶劣，而且收入差距因素还会作用于经济增长，促使经济增长过程中环境污染加剧，延迟 EKC 转折点的到来。

除了对大气环境单指标因素研究外，也有一部分研究是关于水环境指标的。朱智溶利用 EKC 对中国水环境做了应用研究，用人均 GDP 与废水排放量之间关系曲线进行探讨，分析了经济发展不同阶段与环境关系、水环境政策法规、水环境污染与控制状况等影响曲线走势的因素，得出中国水环境和水利经济发展的关系位于 EKC 的上升阶段的结论，并提出了突破 EKC 走势的措施。孙立和李俊清通过对 EKC 的修饰和拓展，分析生态环境和经济发展的相互作用，提出"可利用水"的概念，即能被动植物所利用的水，不包括地面蒸发、被污染的水等流失的水。"可利用水"的概念综合了人文、环境以及生物等各项因子的共性，推断经济发展和环境变化的相应机制，并预测了中间状态的存在和可能的位置。王瑞玲和陈印军研究了我国"三废"排放的 EKC 特征，曲线拟合结果显示"三废"排放的 EKC 分别呈倒 U 形、三次曲线形和正 U 形。对我国 EKC 的成因进行了灰色关联度的定量分析，认为中国的"三废"排放的 EKC 并不说明经济发展水平和环境质量状况存在必然的联系，经济发展水平只是环境质量状况的重要影响因子；能源利用、产业结构、城市规模、环境意识、环境投资等都对 EKC 具有解释意义。总体质量而言，目前中国还处于 EKC 的左侧，即目前中国的总体环境与工业化发展不协调。通过因果关系检验，中国工业化发展水平和总体环境以及与工业固体废物排放量之间存在着从前者到后者的单向因果关系，其他变量之间不存在因果关系，表明中国工业化发展对环境质量的恶化具有推动作用，因为中国环境质量已不再是外生变量，而是受工业化发展水平影响的内生变量。

以上研究基本上是基于时序数据，而基于面板数据研究方面，刘燕等采用 1990—2003 年中国省级面板数据对中国经济增长与环境质量的关系进行计量分析，结果表明，中国的经济增长与工业废水之间表现为倒 N 形曲线关系，与工业废气表现为 N 形曲线关系，而只有与工业固废表现为倒 U 形关系。同时计量分析还表明，出口和中国的环境污染之间存在着显著的正相关关系，而外商直接投资同中国环境污染之间存在着显著的负相关关系。包群等运用 1996—2002 年间我国 30 个省（市、自治区）的面板数据，对我国经济增长与包括水污染、大气污染、固体废物污染排放等在内的六类环境污染指标的关系进行了检验。实证结果发现，倒 U 形的 EKC 关系很大程度上取决于污染指标以及估计方法的选取。对工业废水排放和 SO_2 排放而言，其转折点分别为 2.465 万元和 0.794 万元，都明显低于国外文献研究的结果（一般人均 GDP 为 5 000~2 万美元），存在以相对低的人均 GDP 超过环境倒 U 形曲线转折点的可能。

由于各国的经济发展水平以及结构不同，导致 EKC 呈现的形状可能不同。陈玉平、李希萍、黄铮等对中国和国外的一些国家 EKC 进行了比较和分析。到目前为止，关于经济增长和环境污染关系的研究文献很多，国内一些学者对 EKC 的研究进展从不同角度进行了综述，通过比较指出了目前研究存在的问题。

对于省、市层面的 EKC 研究也比较多，而且研究多集中于我国东部省份和城市。因为东部经济地区发展速度快，生态环境问题（尤其是污染问题）也更严重；而且数据系列比较完全，能观察到比较完整的 EKC 过程，因此得到人们更多的关注。吴玉萍和董锁成选取北京市 1985—1999 年的数据建立了经济增长与环境污染水平的计量模型，发现北京市相关环境指标与人均 GDP 演替轨迹呈现显著的 EKC 曲线特征，且比发达国家较早实现了转折点，到达转折点的时间跨度小于发达国家，其认为是北京施行了比较有效的环境政策的原因。高振宁等选取了江苏省 1958—2002 年数据进行研究，发现经济水平和环境污染的关系总体上符合 EKC 曲线特征。田立新等对江苏省水环境污染 EKC 研究得出的曲线形状是 U 形加上倒 U 形的。吴开亚和陈晓剑对安徽省 1987—2000 年的人均 GDP 与工业"三废"排放量之间的关系做了分析，安徽省的 EKC 特征为 U 形加上倒 U 形，从环境保护成效、环境政策成本和经济增长模式 3 个方面评述了安徽省的环境经济政策。谢贤政等对安徽 1990—2001 年的人均 GDP 与工业"三废"排放量之间关系的研究却表明，除了 SO_2 以外，其他工业环境污染指标与人均 GDP 均呈线形关系。一些学者对其他省份的实证研究表明，这些省份中经济发展和环境质量的关系绝大部分不是 EKC 关系。对西部省份的研究近几年来也开始增多，吴海鹰和张胜林对西部地区 1986—2003 年的相关数据研究发现，该地区经济增长和环境质量演替轨迹是一条 U 形曲线，而非 EKC 关系。基于城市层面的 ECK 研究开展的也较多，如凌亢等以南京市为例，从行业数据验证了南京的 EKC，发现废气排放量和 SO_2 浓度都随着收入的增长严格递增，整体污染趋势在扩大。邢秀凤等对青岛市 1986—2003 年"三废"排放的环境库兹涅茨特征分析发现，该市的"三废"排放并不符合典型的 EKC 特征。

国内关于水体纳污能力的研究始于 20 世纪 80 年代初，随着时间的推移，研究的深度和广度不断加深和拓宽，研究大致经历了下列三个阶段。

（1）20 世纪 80 年代初期，我国环境科学工作者在北京东南郊，黄河兰州段，图们江，第一、第二松花江，漓江以及渤海、黄海环境质量评价等项目中，分别探讨了水污染自净规律、水质模型、水质排放标准制定等的数学处理方法，从不同角度提出和应用了水体纳污能力的概念。这一时期的研究中采用的水质数学模型多数较简单，如 Streeter-Phelps 模型，Thomas 模型以及 Camp-bobbins 模型等，且大多为稳态，采用解析解。这一时期水体纳污能力的研究一般局限在耗氧有机污染物及部分重金属污染物上，在空间上多数限于小河或大河的局部河段。

（2）"六五"期间国家环境科学技术攻关项目的开展，推动了我国水环境纳污能力的研究。比较有影响的工作主要有"沱江有机物的水环境容量研究""湘江重金属的水环境容量研究""深圳河有机物水环境容量研究"等。这一时期对污染物在水中的物理、化学行为进行了比较系统、深入的研究和探讨。在重金属化学平衡模型、二维动态流体力学方程和扩散方程模拟以及河口海湾流场和污染物浓度场的研究等方面都有重大进展，已接近或达到了国际水平。特别值得一提的是，水环境容量已开始与水污染控制规划较好地结合起来，初步显示了水环境纳污理论与实践相结合的效益，取得了一批有实效的成果。如"黄浦江污染综合防治规划方案研究""常州市水污染防治总体规划""运河（杭州湾）污染综合防治技术研究"等。

（3）"七五"以来，水环境纳污的研究已在更大的范围内开展。全国各地结合实际在开展制定城市综合整治规划、水污染综合防治规划、污染物总量控制以及排污许可证制度的推广等工作中，同时也把水环境纳污的研究推向了实用化和系统化的新阶段。在此期间，水环境纳污能力的理论研究在深度上有了新的发展，出现了多目标综合评价模型、潮汐河网地区多组分水质模型、非点源模型以及水质-管理-规划模型体系等。纳污能力概念从单纯反映水体对污染物的稀释、自净能力扩展到广义的为实施总量控制和优化负荷分配服务的水体纳污能力，提出了可分配环境纳污能力，污染物也扩大到了氮、磷负荷和油污染，并开展了长江、珠江、黄河、淮河等大水系的水环境纳污能力研究，也开展了海湾、湖泊和水库的水环境纳污能力研究。研究的空间跨度大、地域广，涉及我国的六大水系，2 个湖泊水库，18 个省市、32 个城市。水环境纳污能力的应用研究也取得了重大进展，成为我国水质目标管理的科学基础。编制的我国水污染总量控制实用系列化计算方法，已经在几十个城市中试行的排污许可证制度中得到推广应用。

根据污染物在河流中的扩散过程和发展的不同特点，将排污河段水体纳污能力分段进行计算。针对不同的河流，有很多学者对其进行了计算，如刘兰芬等，蒋平安等，张焕林等，他们对我国不同的河流选择合适的模型进行了水功能区纳污能力的计算。

目前，对 EKC 研究的一般方法是通过在经济指标与环境指标之间建立经济模型进行回归分析，得出经济增长与环境质量之间的关系。总的来看，无论是国外还是国内的研究，从使用的数据和研究的侧重点方面都在逐步深化。虽然 EKC 方法本身有其缺点和不足，但作为一种简化方法，又有其独到的优点，仍不失为一种探讨经济增长与环境质量变动之间关系的实用方法。

综上所述，国内外对于经济发展与环境质量关系以及河流水体纳污能力的研究都较为广泛，也取得了一定的研究成果。但是目前将两者结合起来考虑，利用水体的纳污能力分析经济发展的影响还较少，因此，本著以此为出发点，将两者结合起来，在分析天津市环境质量与经济发展关联的同时，分析海河干流污染负荷，并从该角度提出环境与经济发展政策，为该区域的发展提供科学依据，无论从理论还是应用角度都具有实际意义。

第3章 海河干流自然社会经济条件分析

3.1 海河干流自然条件

3.1.1 地理概况

海河干流地处天津市，天津市位于华北平原的东北部，北依燕山，东临渤海，位于 38°33′57″—40°14′57″N，116°42′05″—118°03′31″E，全市辖区面积 11 919.7 km²。天津市所属海岸线南起岐口，向北经塘沽、北塘、蛏头沽、大神堂至涧河口，全长 153 km，潮间带面积 370 km²，所辖海域面积约 3 000 km²。海岸带范围内行政区划包括塘沽、汉沽、大港全部及东丽区、津南区、宁河区一部分。区内地势低平，除铁路、公路、海堤等高程接近 4 m 外，其余地带的标高多在 2 m 左右。天津海域是天津滨海新区开发开放的重要载体，是我国海岸带新兴城市化和工业化（港口码头、临港工业与海洋产业）的典型代表。

3.1.2 地质地貌概况

海河干流区域基本为第四纪地层所覆盖，其平均厚度约 420 m。海河干流区域总的地势自北、西、南向渤海中部缓倾，高程 5 m 至岸线以下-20 m，坡降 $0.1 \times 10^{-3} \sim 0.6 \times 10^{-3}$，陆地与海域面积约各占一半。以堆积地貌为主，物质组成以黏土质粉砂、粉砂质黏土、粉砂等细粒物质为主；主要的地貌类型具有弧形带状分布的特点，陆地堆积平原平坦广阔，河渠纵横，洼淀众多，河道迁徙频繁，古河道遗迹显著；是典型的低平粉砂淤泥质海岸。依据形态成因及综合标志，可把区内地貌分为以下几类地貌类型。

1. 陆地堆积平原

陆地堆积平原系指高潮线以上 10~20 km 范围内的近海陆地，其高程范围在 1~10 m；坡度 $0.1 \times 10^{-3} \sim 0.5 \times 10^{-3}$。其内可进一步划分为洪积冲积平原、冲积海积平原、海积平原、贝壳堤与古海岸线等二级地貌类型。在二级地貌类型内又包含了沼泽、洼地、古河道、垄岗、地面沉降漏斗、盐田、人工堤岸等三级地貌类型。

2. 潮间带

潮间带位于高低潮线间，上界抵人工堤岸，下界至 0 m 等深线。高程 0~3.5 m，宽度 3 000~7 300 m，坡度 0.4×10⁻³~1.4×10⁻³。根据水动力作用的差异和形态特征，可划分为潮间浅滩、河口凸滩两个二级地貌类型。

潮间浅滩是潮间带的主体部分，高潮时被水淹没，低潮时出露为滩地，是海岸带中水动力作用强烈，沉积冲淤变化最活跃的地带，是典型的粉砂淤泥质浅滩。浅滩在地貌形态和物质组成上具有明显的分带性，自岸向海可划分为高潮滩面平整带、中潮滩面冲刷带、低潮滩面宽平带等次一级的地貌类型。河口凸滩主要分布在海河、蓟运河河口地段，呈扇形凸滩向海突出，海拔高度 0~3.7 m，平均坡降 1.1×10⁻³，比两侧潮间浅滩高 0.2~1.2 m，潮间浅滩坡降 0.2×10⁻³~0.3×10⁻³。

3. 水下岸坡

水下岸坡系指低潮位以下至波浪作用所能及的水下部分，水下岸坡实际上是陆地堆积平原的水下延伸，为渤海陆架的一部分。水深在 25 m 范围内，坡降 0.1×10⁻³~0.6×10⁻³。主要二级地貌类型为现代河口、河口-海湾、浅海冲淤作用形成的河口水下三角洲、海湾三角洲平原、溺谷、潮脊与潮沟群等。

（1）河口水下三角洲：系指海河河口水下的舌形凸体，上界抵 0 m 等深线，外缘延至 8 m 等深线附近。坡降 0.5×10⁻³~0.8×10⁻³，面积 210.7 km²。沉积物以黏土质粉砂、粉砂质黏土为主，其粒径及分选呈有规律的变化，显示河流泥沙的结构特点。

（2）海湾三角洲平原：位于 0 m 等深线以下的广阔海域，大部处于水深 20 m 范围内的浅海之中。总的地势是向渤海湾中部缓倾，坡度 0.3×10⁻³~1.0×10⁻³。表层沉积物以粉砂、黏土质粉砂为主。

（3）溺谷：分布于海区的北部海底的槽形谷地，基本上呈西北—东南向。主支谷道呈宽谷状，时隐时现，自西向东缓倾。溺谷中有河流相沙砾层及泥炭层，表层沉积物以黏土质粉砂、沙质粉砂为主。

（4）潮脊与潮沟：分布于海区的东北部，即 0 m 与 5 m 等深线间，其延伸方向与潮流流向吻合，基本呈西北—东南向。潮脊、潮沟相间分布，平行排列。潮脊呈长条垄岗状，有分叉现象，宽 0.4~2 km，长 2.5~17.5 km，脊间距 0.4~1.2 km，高程-0.9~2 m。潮沟长 7~25 km，宽 0.1~2 km，高程-21~-15 m。潮脊与潮沟相对高差 5~14 m。沉积物以粉砂、沙质粉砂为主，其结构显示潮流沙的特点。

3.1.3　入海河流水系情况

海河干流区域是海河流域各大支流入渤海的主要地段，在海岸线直线距离仅

100 km 的天津岸线上，汇集了大小入海河流 8 条，各大河流概况如下。

1. 蓟运河

蓟运河流域面积 9 950 km²，上游有州河、泃河在宝坻区九王庄汇合后称蓟运河。流经宝坻、宁河、汉沽、塘沽，在塘沽区北塘口蓟运河防潮闸处汇入永定新河流入渤海。九王庄至河口防潮闸 152 km，中间有还乡河汇入。

2. 潮白新河

潮白河流域面积 19 559 km²，上游有潮河、白河在密云水库汇合后称潮白河。流经北京顺义、河北香河等区（县）至天津塘沽区宁车沽入永定新河。自香河县的吴村闸至宁车沽为潮白新河，全长 102 km，中间有引泃入潮及引青入潮汇入。

3. 北京排污河

北京排污河全长 92 km，1971 年完成。北京未经处理的污水从武清县里老闸至天津东堤头汇入永定新河，天津境内长约 74 km。

4. 永定新河

1971 年新辟入海河道，自北辰区屈家店分洪闸至塘沽区北塘口入海通道全长 65 km，除宣泄永定河的洪水外，还纳北京排污河、潮白新河及蓟运河的洪水入海，是天津唯一没有防潮闸控制的水量较大的入海河道。

5. 海河干流

海河干流由三叉河口至大沽口入海，全长 72 km，承泄北运河、永定河、大清河、子牙河及南运河五大水系的来水。1958 年在海河口建防潮闸，海河由潮汐河道变为以蓄水为主的多功能河道。

6. 独流减河

独流减河为 1953 年开挖的排洪河，20 世纪 60 年代末进行了扩挖。以宣泄大清河洪水为主。有南北两个深槽，从进洪闸至工农兵防潮闸止。流经静海区、西青区、津南区和大港区。

7. 子牙新河及北排水河

子牙新河为 1963 年海河出现特大洪水后新辟的泄洪入海河道。北排水河主要是排沿途沥水。

8. 青静黄排水河

青静黄排水河是运河以东、子牙新河以北地区的主要排沥河道。自静海小齐庄入天津市，境内长 45 km，在北大港南入海。

3.1.4 海岸带气象条件

海河干流区域属于暖温带半湿润大陆季风气候,具有明显的暖温带半湿润季风气候特点,四季分明。冬季寒冷,干燥少雪;春季多风少雨;夏季炎热,雨水集中;秋季气候宜人。冬季160天左右,夏季100天左右,春、秋季均为50~55天。由于海岸带地处海陆交界的两种截然不同的下垫面,温度变化不仅具有明显的季节差异,而且存在着明显的日变化,这种温度日变化形成了海陆风。由于海陆两侧风和空气层稳定度变化的不同,又使海上降水量明显偏少,光照增多,所以,海岸带宽度虽不足50 km,但是温度、风、湿度、降水、光照等在时空分布上却有着明显的差异。

1. 光照

天津海岸带的太阳总辐射年总量一般为5 150~5 650 MJ/m²。海岸带的平均季总辐射量以夏季最大,冬季最小,春季略低于夏季而高于秋季。从太阳总辐射年总量分布来看,汉沽、塘沽及渤海湾为高值区,年总量在5 440~5 650 MJ/m²,距海岸较远的宁河、东丽、津南为低值区,年总量为5 150~5 360 MJ/m²。

2. 温度

天津海岸带四季分明,以1月、4月、7月、10月的平均气温分别代表冬、春、夏、秋季的气温。冬季:月平均最低气温出现在1月,一般都在-7℃以下,等温线大致与海岸线平行,由海向陆逐渐降低。春季:由于陆地热容量小升温快,而海水热容量大,升温慢,陆地气温较海上高,4月陆上平均气温都在12℃以上。夏季:海岸带的陆地最热月出现在7月,月平均气温在25~26℃。秋季:10月,13℃等温线在海岸带陆地一侧,海上则是一个16℃左右的暖中心。秋季天气晴朗少云,日照多,故陆地气温高于春季陆地气温1~2℃,由于海陆热力状况差异,海上气温高于春季海上气温5℃。

海岸带陆上6月、7月、8月的极端最高气温在37℃以上。海上只有8月出现过34℃以上气温。由于海洋的调节作用,海上极端最高气温明显低于内陆。冬季极端最低气温,陆地低于海上。

3. 降水

海河干流降水量由渤海湾向内陆逐渐增加,降水量等值线大致呈东北—西南向,塘沽、汉沽、宁河均在600 mm以上,而海上在374~590 mm。春、夏、秋、冬季的降水量年分布以夏季占绝大部分,达到70%以上。在海岸带地区,由于海陆热力状况差异,尤其在多雨的夏季,海为冷源,且常为高压控制,空气层结较陆地稳定,同时海风产生后,海面上为下沉气流,陆地为上升气流,这都造成海上降水量小于陆地。

4. 风况

海河干流地区平均风速的季节变化是：月最大值海陆一般都出现在 4 月，为 4~7 m/s；月最小值海陆都出现在 8 月，为 2~5 m/s。月平均风速的绝对值海上明显大于陆地。由于气压、气温在海陆两侧的日变化，且为反相，夜间空气从陆地流向海洋，白天又从海洋流向陆地，形成了日夜交错流动的海陆风。7 月陆风（SW—N）一般从 4 时开始，8 时最盛，SW—N 向风的风频达 70%；海风 13 时开始，15 时最盛，SSE—ENE 向风的风频达 97%。1 月陆风从 1 时开始，8 时最盛，SW—N 向风的风频达 90%；海风从 14 时开始，16 时最盛，SSE—ENE 向风的风频达 93%。

3.1.5　海洋水文情况

1. 温度和盐度

海河干流区域位于三面被陆地包围的半封闭的渤海湾顶部。海水温度、盐度的时空分布和变化除了取决于气象条件外，大陆径流、陆地热效应以及湾内海水流动也是重要的影响因素。根据 2014—2017 年度全国近岸生态监控区生态状况报告，海河干流区域海域近年来水温和盐度变化情况如下。

（1）春季：水温和气温处于增温阶段，由于近岸海水受陆地的影响，其增温速度较外海快。另外，春季为江河枯水期，入海径流小，加之空气干燥及风的作用，海水蒸发量增大，盐度增高，使得春季温、盐度的分布为外海低近岸高。

（2）夏季：海水温、盐分布趋势基本与春季相同，但温度比春季高 12~13℃，而盐度升高不大。大沽灯塔周围向南堡以南海域扩散的高盐水舌状明显，这是由于大沽灯塔周围海域自西向东，至南堡外海转为东南向的海流所致。

（3）秋季：海水处于降温过程，海水向大气的回辐射加强，特别是近岸浅水区，由于陆地降温迅速，海水向陆地的热量输送加强，使近岸海水降温较外海快，因而秋季的温度水平分布为，外海高近岸低。盐度分布较春、夏两季也有较大的变化。

（4）冬季：海水温度处于最低值，受陆地迅速降温的影响，1 月近岸海水温度达-5℃，渤海中心海区水温大于 0℃。海水盐度较高，沿岸海水盐度大于 33。

（5）周日变化：海区温度的周日变化并不完全取决于太阳辐射的变化。"午后效应"并不明显，潮流的往复运动是海水温度变化的主要原因。本海区盐度水平分布均匀，其周日变化亦不明显；而温度的周日变化因时而异，春、夏两季，由于近岸海水温度高于外海，所以在涨潮期间降温，落潮期间增温。到秋季，温度的水平分布发生变化，造成涨潮时温度高于落潮时温度。

2. 潮波

海河干流海岸及邻近地区海岸的潮波属渤海潮波系统，为太平洋潮波经东海、黄海传入渤海后形成的谐振潮。除南堡和歧口附近为正规半日潮外，其余各处均属于不正规半日潮。神仙沟为正规日潮。

海河干流沿海地处渤海湾顶部，浅水潮十分显著。湾顶平均潮差大于湾口，其差为 1~1.5 m，洞河口潮差最大。天津新港的平均潮差全年有两个峰值，分别出现在 5 月和 8 月；最小潮差出现在 2 月。

海浪最大波高全年均在 2 m 左右，最大值通常出现在 10 月。$H_{1/10}$ 波高则在 1.5~1.8 m 范围内，最大值也出现在 10 月。

3.2 海河干流自然资源状况

3.2.1 渔业资源

海河干流的沿海位于渤海湾渔场的中心部位，由于径流注入，水质肥沃，饵料生物丰富，有多种经济鱼、虾、蟹和地方性鱼、虾繁殖，索饵，生长栖息。据历史调查资料，天津沿海水产动物约 150 种，其中已形成捕捞对象的有 68 种，主要有毛蚶、毛虾、对虾、脊尾白虾、梭子蟹、梭鱼、鲈鱼、小黄鱼、鳓鱼、蓝点马鲛、带鱼、半滑舌鳎、青鳞鱼、黄鲫、斑鰶、梅童鱼、黄姑鱼和白姑鱼等。

根据 2017 年《天津统计年鉴》中的游泳生物调查结果，以总生物量和种群生物学资料来评价海河口临近海域浅海鱼类资源量，全年网获尾数为 1 544 尾/（网·小时），年相对资源为 33.5 千克/（网·小时）（仅为鱼类），总生物量 2.77 t/km²，资源蕴藏量为 6 214.79 t，体重在 50 g 以下的占绝大多数，1 000 g 以上的占 11%，但后者仅占总尾数的 0.004%。另外还有大量的幼鱼及低龄鱼，所以资源量不高，质量也很低，只有花鲈以重量计算，占总生物量的 16.93%，但其数量尚不到网获尾数的 1%。

鱼卵、仔稚鱼以小型低值鱼的鱼卵、仔稚鱼为主，斑鰶、青鳞鱼、鳀鱼、赤鼻棱鳀和黄鲫的鱼卵、仔稚鱼数量相当可观，在调查区鱼类中占绝对优势，估计在今后若干年内，仍然是近海渔业的主要捕捞对象。

鲢鱼、花鲈、皮氏叫姑鱼和舌鳎等经济鱼类的鱼卵、仔稚鱼数量次于小型低值鱼类的数量，是目前天津近岸浅水仅有的经济鱼类的资源。由于捕捞过度，低龄鱼比例大，高龄鱼比例小，如鳓鱼采到 1 881 尾，成鱼仅 10 尾。花鲈则相反，高龄鱼占有一定优势，表明可能尚有一定资源。

历史上海河干流沿海产量较高的小黄鱼、带鱼、蓝点马鲛等重要经济鱼类的鱼卵及仔稚鱼数量现在均很少，说明现在这些鱼类资源已明显衰退，不能形成产量，有的种已濒于绝迹的边缘。

海河干流海域还有扇贝、脉红螺等多种贝类,广阔的潮间带有四角蛤蜊、蓝蛤、明樱蛤等低值贝类资源。据近几年的调查显示,有些贝类资源衰竭很快,分布面积在不断缩小,有的种群已经濒临消失。

3.2.2　地下水及海水资源

海河干流地下水资源量短缺,尤其滨海地区地下水资源甚为匮乏,滨海地区地下水靠周边补给,而侧向补给微弱。淡水资源供需之间不平衡现象十分严重。由于缺乏统一管理,滨海地区在 20 世纪 70 年代后大规模开采地下水,不合理的过量开采,引起严重的后果:连年水源紧张、水位大幅度下降、漏斗扩展、废井出现、地面沉降等。

海河干流地热资源丰富,主要分布在宝坻断层以南约 9 600 km^2 的范围内。已探明海河干流地区地热储层面积约 2 400 km^2,水温多在 30~90℃。地热作为一种新的洁净能源,对经济建设的贡献越来越大。目前,全市用地热采暖已达到 7.88×10^5 m^2,养鱼 1.69×10^5 m^2,养殖面积已达 1.7×10^4 m^2,温室棚 1.16×10^5 m^2。

海河干流淡水资源短缺,开发利用海水资源是弥补淡水不足的重要手段。目前天津市直接利用海水的单位主要有大港电厂和天津碱厂,建有海水取水工程,供海水能力达每年 1.5×10^9 m^3。大港电厂采用海水直流冷却方式,每年海水用量为 8.5×10^8 m^3。相当于每年节省 2×10^8 m^3 的淡水,约占天津工业用淡水总量的 4.2%、塘沽区工业用淡水量的 45%。

从 20 世纪 70 年代开始着手研制各种海水淡化装置,并于 80 年代初研制成功的我国第一套日产淡水百吨级的陆用多级闪蒸海水淡化装置,为进一步发展大中型蒸馏法海水淡化装置打下了技术基础。各种类型的海水淡化装置约有几套,分属于几十个单位。较大型的海水淡化装置均分布在沿海地区。80 年代中期,大港电厂引进美国多级闪蒸海水淡化装置,单台日产淡水量为 3 000 t,用于供大港电厂锅炉用水和职工部分饮用水,采用两套多级闪蒸淡化装置后,日产淡水总量为 6 000 t,年产淡水总量约 2.19×10^6 t,约为全国海水淡化年产水量的 1/2,居全国首位,由此节省的淡水价值为 350 多万元。1993 年,天津海水淡化综合利用研究所研制成功我国第一台低温低压蒸馏淡化装置,日产淡水 30 t,已用于大连长海县淡化生产高质量饮用水。东丽区军粮城电厂有电渗析装置,日产淡水 1 440 t。

综上可见,海水的开发利用有着广阔前景,这对解决沿海地区淡水缺乏问题是有益的。

3.2.3　海洋生物资源

海洋生物资源是渔业发展的基础。海河干流浅海位于渤海三大渔场之一的渤海湾渔场的中心部位，是渤海湾产卵场主体水域，是海河流域的多条河流入海处，水质肥沃，气候适宜，浮游生物丰富，既适于洄游性鱼、虾产卵繁殖，又适宜幼鱼、稚虾等索饵、育肥、生长，地方性的鱼、虾、蟹、贝常年栖息，潮间带蕴藏着丰富的贝类资源。海河口浅海生物资源的兴衰对整个黄渤海渔业资源的变化影响很大。天津浅海水生生物约有 150 种，有经济价值的渔业资源约 70 种，根据生物种类分布和移动范围可分为三个生态群：一是天津浅海（滩涂）生态群，它们属于海河流域河口生态群，终生不离开天津浅海范围，是天津渔业资源增殖的主要研究对象；二是渤海地方群，终生不离开渤海，在渤海沿岸水域和深水区域间做季节性短距离移动；三是黄海、东海群，属于长距离跨海区洄游的种类。

3.2.4 海河干流海域自然条件变化趋势分析

从以上分析可以看出，海河干流海域的整体自然条件比较稳定，图 3-1 和图 3-2 是海河干流海域 2004—2007 年 5 月和 8 月的海水盐度和温度变化趋势，可以看出，海河干流海域的水文特征变化不大，温度和盐度的变化范围较小。

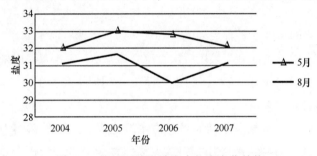

图 3-1　海河干流海域海水盐度变化趋势

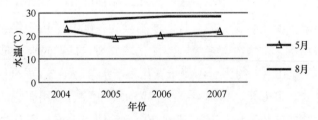

图 3-2　海河干流海域海水温度变化趋势

在海洋资源变化方面，近年来对海河干流海河口区域浅海的零星调查显示，作为初级生产力及次级生产力的浮游植物、浮游动物、底栖动物的现存量仍维持在较高的水平，作为鱼的饵料，资源仍很丰富。在群落结构、生物量、生物密度方面，除浮游植物的优势种有所变化外，浮游动物、底栖动物未发生明显变化。在其他资源的利用方面，近年来渔业资源的开发利用最为普遍，油气资源的产量也比较稳定，开发力度不断加大的是旅游资源，目前已形成七里海湿地、亲海游乐、渔家风情、港湾风光等 8 个版块，所以减少由旅游开发带来的海洋环境破坏也是未来天津海洋环境保护的重要工作内容。

3.3　天津市社会经济状况

海河干流区域主要流经天津市市区以及滨海新区，因此对其社会经济状况分析也分为天津市市区和滨海新区两大部分。本节为天津市市区社会经济状况。

3.3.1　人口及其分布

天津市是中华人民共和国直辖市之一，中国北方最大的沿海开放城市，地处华北平原东北部，渤海之滨，素有渤海明珠之称。根据 2013 年的《天津统计年鉴》，天津市土地面积为 $1.192×10^4$ km²，全市耕地面积为 4 060 km²。2012 年全市总人口为 1 413.15 万人，人口密度为 845 人/km²。按照户籍分类，农业人口 376.744 万人，非农业人口 616.256 万人。其中，市辖区的总人口为 1 209.21 万人，市内六区的人口为 472.10 万人，占总人口的 33.41%。市辖县的总人口为 203.94 万人，占全市人口总数的 14.44%。天津市总人口呈现逐年增长的趋势，其总人口数量变化见图 3-3。

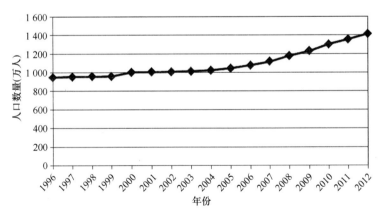

图 3-3　天津市总人口数量变化趋势

3.3.2　产业布局

2015 年天津市各产业都呈现良好的增长发展态势。农业稳步发展，全年农业总产值为 375.6 亿元，比上年增长 3.2%。工业生产保持较快增长，全年工业增加值 6 122.92 亿元，比上年增长 15.8%。全年航空航天、石油化工、装备制造、电子信息、生物医药、新能源新材料、轻纺和国防八大优势产业工业总产值增长 14.8%，发挥了较好的支撑作用。批发业和零售业增加值为 1 678.81 亿元，比上年增长 11.3%。住宿和餐饮业增加值 220.86 亿元，比上年增长 6.0%。交通运输、仓储及邮政业增加值 721.04 亿元，比上年增长 12.5%。旅游经济持续发展，全年接待入境旅游者 234.11 万人次，比上年增长 16.8%。金融业增加值为 959.03 亿元，比上年增长 25.1%。

图 3-4 和图 3-5 分别为 2010 年和 2015 年的天津市产业布局。其中，2010 年的第一产业占 2.1%，第二产业占 55.1%，第三产业占 42.8%。2015 年第一产业占 1.3%，第二产业占 51.7%，第三产业占 47.0%。可以发现，天津市产业结构中以第二、第三产业为主，同时，第三产业有增长的趋势。

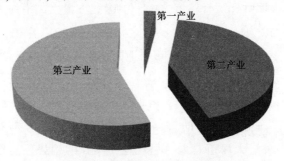

图 3-4　2010 年天津市产业布局

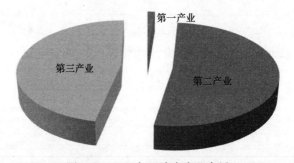

图 3-5　2015 年天津市产业布局

3.3.3　经济发展状况

天津市经济发展势头强劲。2012 年，天津市生产总值完成 12 885.18 亿元，按可比价格计算，比上年增长 13.8%。受国内外经济环境变化的影响，天津市生产总值比上年回落 2.6 个百分点，但全年呈现稳定增长的态势。就三次产业而言，第一产业全年增加值完成 171.54 亿元，比上年增长 3.0%。第二产业全年增加值完成 6 663.68亿元，比上年增长 15.2%。第三产业全年增加值完成 6 049.96 亿元，比上年增长 12.4%。固定资产投资完成 8 871.31 亿元，比上年增长 18.1%。实际直接利用外资 150.16 亿美元，比上年增长 15.0%。天津市生产总值呈现逐年增长的趋势（图 3-6）。

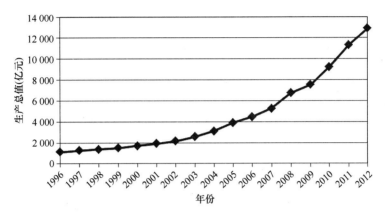

图 3-6　天津市生产总值变化趋势

3.3.4　环保投入状况

2012 年，天津市环保工程实际投资额达到 125 558 万元。经过各项环保工程的综合整治，全市的生态环境得到了进一步改善。其中，全年化学需氧量（COD）排放量为 2.295×10^5 t，比上年下降 2.7%，二氧化硫（SO_2）排放量 2.245×10^5 t，比上年下降 2.8%。城市污水处理厂能力达到 2.496×10^6 t/日，污水处理率为 87.5%。天津市环保投入总体呈现增长趋势，尤其是 2005 年达到最大值，超过 180 000 万元，2009 年后投入有所减少。环保投入变化趋势见图 3-7。

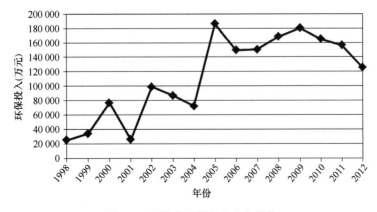

图 3-7　天津市环保投入变化趋势

3.4 滨海新区社会经济状况

3.4.1 人口及其分布

滨海新区位于天津东部沿海，面积 2 270 km²，海岸线 153 km，常住人口 263.52 万。地处环渤海经济带和京津冀城市群的交汇点，距首都北京 120 km，内陆腹地广阔，辐射西北、华北、东北 12 个省、市、区，是亚欧大陆桥最近的东部起点；拥有世界吞吐量第五的综合性港口，通达全球 400 多个港湾，是东亚、中亚内陆国家重要的出海口；拥有北方最大的航空货运机场，连接国内外 30 多个世界名城；四通八达的立体交通和信息通信网络，使之成为连接国内外、联系南北方、沟通东西部的重要枢纽。2012 年，滨海新区人口总数为 263.52 万人。总人口变化分两个阶段：第一个阶段是 1996—2006 年，人口数量基本保持不变；第二阶段是 2006—2012 年，该阶段呈现逐年增长的趋势。总人口数量变化见图 3-8。

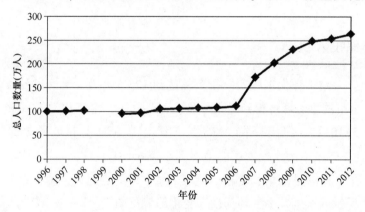

图 3-8　滨海新区总人口数量变化趋势

3.4.2 经济发展状况

滨海新区海岸带沿岸经济发展势头强劲。2016 年，滨海新区生产总值完成 7 205.17 亿元，按可比价格计算，比上年增长 20.1%，占天津市经济总量的 30%。固定资产投资完成 4 453.30 亿元，比上年增长 20.3%。外贸进出口总额为 812.38 亿美元，比上年增长 14.2%。中际装备、西子电梯等 71 个工业重大项目建成。

3.4.3 环保投入状况

根据天津滨海新区环保与生态"十三五"规划可知，"十三五"期间，滨海新区的重点环保工程包括大气、水、固体废物及噪声、生态保护、生态产业建设、环境监管能力建设等，新区投资 129.6 亿元，建设这六大类共 94 项重点环保工程。其中，大气环境保护工程包括火电厂烟气脱硫除尘、火电厂脱硝、无燃煤区建设、颗粒物污染治理、恶臭污染治理、清洁能源等，共 38 个项目，合计投资 32.8 亿元；水环境保护工程包括地表水环境综合整治、城镇污水处理厂及配套管网建设、工业园区污水处理厂新扩建、工业园区污水深化处理及水环境改善、再生水利用、海水淡化等，共 36 个项目，合计投资 66.2 亿元；固体废物及噪声环境保护工程包括危险废物处理处置及资源化利用、生活垃圾处理建设及渗滤液处理设施建设、污泥处理处置厂建设和噪声污染防治等，共 8 个项目，合计投资 20.6 亿元；生态保护建设工程包括重要生态功能区建设、生态保护区建设等，共 4 个项目，合计投资 3.8 亿元；生态产业建设工程包括 3 个项目，合计投资为 3 亿元；环境监管能力建设工程包括环境监测及预警体系建设、污染源减排能力建设、环境安全应急管理体系建设等，共 5 个项目，合计投资 3.2 亿元。

3.5　海河干流区域陆源污染入海及海域环境质量状况

3.5.1　海洋环境质量分析

1. 海域环境质量变化分析

2010—2016 年间，渤海严重污染海域面积呈明显的上升趋势，这主要是环渤海地区海洋产业的快速发展，导致沿海地区污染物增加，海洋承受的污染物不断增多引起的，而近年污染状况有所改善，这应该归功于国家的《渤海碧海行动计划》《渤海环境保护总体规划》等一系列海洋保护计划的实施，但渤海污染状况仍需重点关注。具体到天津海域现状，2015 年，天津近岸海域中未达到清洁海域水质标准的面积约 2 650 km²，占天津市所辖海域的 88.3%，除无机氮、活性磷酸盐等主要污染物之外，COD、pH、溶解氧、重金属铅也不同程度地出现了超标现象，可见天津海域乃至整个渤海海域仍是未来海洋环境保护需重点关注区域。

2. 天津海域主要污染物变化分析

近年来，天津海域海水环境中的营养盐污染最为严重，其污染物浓度呈上升趋势，COD 含量变化不大，石油类与溶解氧含量略呈逐年上升趋势。总体来看，天津近岸海域海水环境中的主要污染物含量在 2012—2016 年有所升高，污染状况有加重的趋势。

3. 天津海域近年来监测达标情况分析

2010—2016 年天津海域污染物监测达标率有所下降，不同水期水质状况也有所差异，各水期水质从优到劣的排序为平水期、丰水期、枯水期。

4. 小结

综合分析海河干流区域海域近年来的水质状况，其污染程度有所上升，而且滨海新区周围海域位于渤海湾，属于半封闭海域，水交换能力较差，污染物的扩散时间较长，导致海水中污染物的本底浓度也随之升高，各类污染物中，营养盐污染最为突出，总体看来，近年来天津海域无机氮、石油类、COD 的浓度有所上升，而磷酸盐浓度有所降低，所以，今后海河干流区域海域的污染治理还应以无机氮、石油类等物质为主。

3.5.2 入海河口环境质量分析

1. 入海河口分布情况

天津周围共有大型河流 8 条，入海排污口由北到南分别为涧河口、永定新河口、北塘口、海河口、独流减河口、青静黄排水渠、子牙新河口和北排水河口，按照排污口大致规模及污染影响程度从大到小排序为：子牙新河口、北塘口、海河口、涧河口、永定新河口、青静黄排水渠、独流减河口、北排水河口。图 3-9 为北塘口附近状况。

图 3-9　北塘口附近状况

2. 入海排污口污染状况

根据调查数据，对 2005—2008 年天津入海排污口的污染状况进行了分析，排污状况如图 3-10 所示。

图中 A~D 级表示对海域造成的危害或潜在危害由大到小，可以看出，滨海新区近年来排污口水质逐步提高，对海洋环境造成的危害也逐步减小，但是污染超标

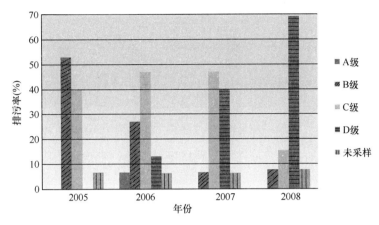

图 3-10　入海排污口排污等级变化

现象仍然存在。图 3-11 与图 3-12 说明了两个重点排污口主要污染物的超标情况。

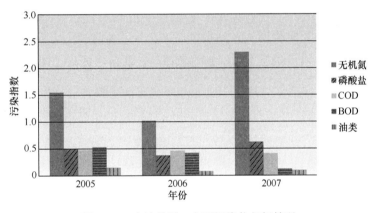

图 3-11　大沽排污口主要污染物超标情况

　　天津海岸带两个重点排污口的数据分析结果表明，由于大量超标污水的向海排放，致使排污口邻近海域水质环境严重污染，在 115 km² 的重点排污口邻近海域全部为劣 V 类水质，主要超标污染物为无机氮、磷酸盐和 COD。北塘口邻近海域污染程度都要大于大沽排污口邻近海域，这也与天津海域北部区域水交换能力相对较差有关。

　　3. 小结

　　综合分析海河干流区域入海排污口污染情况，近年来排污口附近污染状况有所缓解，但是污染超标现象仍然存在，主要污染物中无机氮超标最为严重，这与整体海域的污染状况相符合。同时由于大部分排污口集中于海河干流北部地区以及北部地区水交换能力较弱等条件的限制，造成该地区污染程度相对较重，所以海河干流

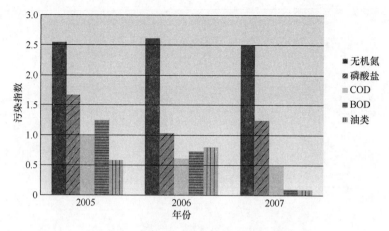

图 3-12 北塘排污口主要污染物超标情况

北部海域应是污染治理的重点区域。

3.5.3 岸线开发情况分析

海河干流区域中，滨海新区的天津港是我国北方最大的人工港，由于其位于海河口北岸渤海湾淤泥质海岸，加上大风和潮汐带来的大量泥沙，港口内每年淤积大量的泥沙。经过 50 多年的努力，天津港采用先进的防淤清淤措施，挖出吹填的 4 亿多立方米泥沙，处理后变成超过 20 km² 的土地，形成了南疆港区、南疆散货物流中心及北疆港区的大部分陆地。为加快打造北方国际航运中心，天津港还将利用清淤航道的泥沙集中力量东扩，填海造陆建设总面积达 33 km² 的东疆港区。未来的天津港将建成大型集装箱码头区、物流加工区、港口配套服务区等"三大区域"，具备物流化、工业化和港城一体化特征和科技研发功能。围填海还极大地减轻了长期以来困扰天津港的港池尤其是内港池的淤积问题，极大地提升了港口运行的经济效益，滨海新区岸线变化情况如图 3-13 所示。

图 3-13 中，线的左侧为滨海新区原有土地资源，线的右侧则为近年来围填海工程开发出的岸线资源。岸线资源的开发虽然给滨海新区增加了土地资源及经济产值，但是也带来了大量的环境污染，这些污染的最终受体为海洋资源。根据滨海新区附近海域特点来看，该区域属于半封闭海域，污染物稀释扩散能力不强，如果不能掌握海洋资源与岸线资源、经济发展之间的关系，明确该区域的经济发展与环境质量变化之间的关系，将会给天津的发展和环境保护带来巨大的阻碍；另外天津的人口近年来也大量增加，给区域环境及海岸带带来了一定的压力。

图 3-13　滨海新区岸线变化情况

3.6　天津海河干流水污染现状

3.6.1　水污染现状

海河干流市区段主要为Ⅴ类水质，入海段主要为劣Ⅴ类水质，各个断面水质状况也有较大不同，整体上二道闸以下的入海段水质恶化程度重于海河市区段。2016年与2015年相比，市区段水质有所下降，入海段水质则与2015年持平，同时沿线Ⅴ类水质断面扩大，整体水质情况有所下降。

海河干流主要污染物为氨氮、高锰酸盐指数和生化需氧量（BOD）。市区段主要监测断面的氨氮均存在超标现象，超标频次约为30%；高锰酸盐指数的超标率约为5%；BOD的超标情况较轻，超标率为2%，仅有1个断面在5月和12月超标，与2015年相比，2016年污染物超标率得到了一定的控制。

3.6.2　重点污染源状况

污染来源主要可分为工业污染源和生活污染源，根据各区县污水排放情况，天津海河干流流域废水排放总量较大的区县依次为塘沽区、河西区、南开区和河东区，其排放量之和占干流污水排放总量的60%左右，其中工业源废水排放量较大的区县为塘沽区、南开区和东丽区，生活源废水排放量较大的区县为市内六区，其生活污水排放量之和占干流生活污水排放总量的 2/3 以上。

1. 重点工业污染源情况

海河干流工业污染源有造纸工业、肉类加工工业、聚氯乙烯工业、石油化工工业（包括石油炼制）、甜菜制糖、焦化、合成脂肪酸、湿法纤维板、染料、洗毛、有机磷农药工业、味精、酒精、医药原料、生物制药、萱麻脱胶、皮革、化纤浆粕工业、合成氨工业和纺织染整工业等。

废水排放量较大行业为化学原料及化学制品制造业，COD 和氨氮排放量较大行业均为化学原料及化学制品制造业。

2. 重点生活污染源情况

污水处理厂是重点生活污染源，海河干流共有东丽污水处理厂、津南污水处理厂、天津经济技术开发区污水处理厂、塘沽大沽化污水处理厂和塘沽新河污水处理厂等 5 座污水处理厂，其设计污水年处理量为 $1.658\ 2 \times 10^8$ t，经处理后排放的 COD 约为 9 300 t，排放的氨氮约为 4 200 t。

目前，4 项必测污染物 COD、BOD、悬浮物和氨氮都存在不同程度的超标现象，其中监测次数达标率最高的为 BOD，达到了 99% 以上，其次为 COD 和氨氮，最后为悬浮物，其监测次数达标率也在 95% 以上，超标时段主要集中在 5 月和 12 月。

3.6.3 入境污染状况

在入境断面中，主要污染物为氨氮和生化需氧量，最大超标倍数在 10 以上，另外，挥发酚及高锰酸盐指数的浓度年均值也都超过了水质标准。各种污染物的超标率与 2006 年相比有所下降，综合来看，入境断面污染情况有所缓解。

3.7 天津港现状

3.7.1 地理位置

天津港是中国最大的人工海港，是我国对外贸易的重要口岸，居海河下游及入海口处，地处渤海西部海岸中心位置，位于京津城市带和环渤海经济圈的交汇点上。天津港距天津市区 66 km，距北京市约 170 km，是环渤海港口中与华北、西北等内陆地区距离最短的港口，是首都北京和天津市的海上门户，亚欧大陆桥的东端起点之一。

3.7.2　港口岸线利用状况

天津市与港口建设有关的岸线包括沿海岸线和海河通航段岸线，总长 233.2 km。其中沿海岸线北起津冀北界的涧河口西刘合庄，南至津冀南界的岐口，全长 153.3 km（自然岸线约 92.7 km）；海河岸线自二道闸至新港船闸，河道长 39.5 km，两岸岸线长约 80 km。

按自然岸线测算，沿海港口岸线 51.2 km，占全市沿海自然岸线的 55%；海河港口岸线 21.7 km，占海河通航段岸线的 27%。

1. 沿海港口岸线利用状况

（1）中心渔港岸线：位于中心渔港东侧，占用自然岸线 1.0 km。目前已填海形成陆域，根据规划方案可形成码头岸线 3.2 km。

（2）京港高速滨海大道立交—永定新河河口北侧：占用自然岸线约 1.2 km。通过填海造陆形成港口岸线 9.9 km，东部 4.6 km 岸线为预留码头岸线。

（3）永定新河口南—独流减河口北：占用自然岸线 38.6 km。

永定新河河口—新港船闸，占用自然岸线 13.3 km，现状为北疆、东疆港区占用，其中北疆已建有各类码头泊位 49 个和新港船厂；东疆已建集装箱泊位 6 个和矿建泊位 1 个。

（4）独流减河口南—子牙新河口北 1.3 km 处：自然岸线长度为 10.4 km。该段岸线现状为大港油田生产区占用，规划结合南港工业区的建设，通过填海造陆形成码头岸线 32.1 km，全部为深水岸线，其中预留码头岸线 19.3 km。图 3-14 至图 3-18 为天津港中心渔港、东疆、南港、临港工业区、天津港的开发现状。

图 3-14　中心渔港现状

2. 海河港口岸线利用规划

根据天津港规划，海河二道闸以下港口岸线共 6 段，全长 21.7 km，其中北岸

图 3-15　东疆岸线现状

图 3-16　南港码头现状

图 3-17　临港工业区现状

图 3-18　天津港现状

16.3 km，南岸 5.4 km，均为非深水岸线。

（1）海河北岸。

郑家台码头北侧—郑庄子：位于上段，岸线长 10 km，后方为冶金工业园和军粮城重型机械装备基地，规划该段岸线为港口岸线。根据相关规划，该段岸线可形成码头岸线 4.3 km。

黑猪河口—新河船厂：位于海河下游的中段，全长 4.3 km，已利用岸线长度为 3.8 km，规划该段岸线近期为港口岸线，今后随着城市的发展，逐步调整为城市生活岸线。

天津航标区西侧——一航一公司东侧：位于海河下游下段，全长 2.0 km，均已开发，规划保留为港口岸线，逐步调整用于支持系统、公务码头。

（2）海河南岸。

二道闸下重件码头—北园东侧：位于海河南岸的上段，全长 1.1 km，已建重件码头和航运公司码头，规划该岸段为预留港口岸线。除已开发的岸线外，其他岸线作为预留港口岸线，主要用于服务城市物资运输的公用码头岸线，远期视城市发展要求可作为旅游码头岸线。

新城河口—郝家沽西侧：位于南岸中段，全长 1.6 km，规划为预留港口岸线，视城市发展要求可作为旅游码头岸线。

河头对岸—天龙液化码头对岸：位于海河南岸中段，全长 2.7 km，为预留港口岸线，视城市发展的要求可作为旅游码头岸线。

3.7.3　港口布局

规划天津港的空间由目前的"一港六区"向"一港九区"拓展，形成北疆、东疆、南疆、大沽口、高沙岭、大港、北塘、汉沽、海河等 9 个港区。空间拓展的主方向是南向，即结合临港产业区的开发，规划建设高沙岭港区；结合南港工业区的发展，规划建设大港港区。现有中部的北疆、东疆、南疆港区以优化结构、提升功能为主。北部结合中心渔港的开发和城市建筑物资的运输需要，相应建设汉沽港区；结合滨海旅游区的开发，将北塘港区功能由原规划以杂货运输为主调整为以配套滨海旅游区发展、旅游客运为主。

北疆、东疆、南疆港区主要服务于腹地物资中转运输，大沽口、高沙岭、大港港区近期以服务于临港工业发展为主，逐步发展腹地物资中转运输，为天津港的进一步发展以及既有港区部分货类的转移提供空间。

3.7.4 港口开发状况

1. 岸线及各港区开发利用现状

天津港9个港区的开发利用现状见表3-1，其中根据天津港上一轮规划已经确定的北疆港区、东疆港区（不含第二港岛）、南疆港区、大沽口港区（原规划的临港工业区）、海河港区、北塘港区六大港区除大沽口港区的陆域未全部形成外，其他五大港区的陆域均全部形成。

天津港最新规划新增的高沙岭港区、大港港区及汉沽港区中，目前只有汉沽港区的陆域已经全部形成，高沙岭港区、大港港区陆域目前所形成的陆域占各自规划港区陆域的20%～30%。

表 3-1 天津港岸线开发利用现状汇总

港区	占用自然岸线（km）	形成码头岸线（km）	岸线开发利用现状
北疆港区	13.3	19.1	岸线基本全部形成
东疆港区	13.3	18.8	除第二东疆港岛外，岸线基本全部形成
南疆港区	1.0	24.8	岸线基本全部形成
大沽口港区	7.5	25.5	港区南侧岸线基本形成
高沙岭港区	16.8	53.0	未形成岸线
大港港区	10.4	32.1	未形成岸线
海河港区	21.7	16.0	岸线全部形成
北塘港区	1.2	9.9	岸线基本全部形成
汉沽港区	1.0	3.2	岸线基本全部形成

海河已利用岸线长度为6.7 km，约占现有海河岸线长度（80 km）的8.4%。拟占用海河岸线26.7 km，形成海河港口岸线16 km。占用岸线占原有岸线的33.4%。

2. 航道现状

天津港航道包括海港航道和海河航道，其中海港航道包括新港航道、大沽沙航道、高沙岭港区航道、大港港区航道、北塘港区航道、汉沽港区航道等 6 条。目前已经形成的航道为新港航道、大沽沙航道、汉沽港区航道 3 条，表 3-2 为目前海港航道现状。

表 3-2　海港航道现状　　　　　　　　单位：×10⁴ t

名称	新港航道	大沽沙航道	高沙岭港区航道	大港港区航道	北塘港区航道	汉沽港区航道
规划吨级	30	10	10	10	1	1
现状吨级	25	5	—	—	—	—

新港船闸—唐津高速公路（滨海大桥）航段通航 5 000 吨级海轮，滨海大桥—二道闸航段通航 3 000 吨级海轮。上游 3 000 吨级航道全长 10.9 km，航道底标高 -6.4 m，宽度 110 m，转弯半径不小于 540 m；下游 5 000 吨级航道长约 26 km，底标高 -7.9 m，宽度 127 m，转弯半径不小于 620 m。

3. 锚地现状

天津港目前共布置 1~6 号共 6 个锚地。1、2 号锚地即现有大沽口北锚地舶。3 号锚地在大沽口锚地东南。4 号锚地在 3 号锚地以东，向东延伸至现天津港 3 号锚地以东约 3.3 km。5 号锚地在 3、6 号锚地的东南侧。6 号锚地在大沽沙航道与规划高沙岭港区航道之间。

第4章 海河干流环境质量主控因子判别研究

随着天津地区经济的发展，河流的水环境面临着越来越大的环境压力，经济发展在给天津增加了生产产值的同时，也带来了大量的环境污染。大量废水排入天津河流，海河干流作为天津地区用途最复杂、开发利用程度最高的河流之一，其受污染程度也日益增加。如果不能掌握海河干流污染状况、明确该区域需要重点控制的污染因子，将会给天津的经济发展和河流环境保护带来巨大的阻碍。

为有效缓解海河干流环境压力，必须对海河干流的污染物进行系统分析。由于天津海河干流功能分区较为复杂，污染物质较多，对环境的影响又各不相同，所以要确定目前状况下对环境压力较大的主控因子。通过研究掌握影响海河干流环境质量的关键因子，不但可以得出客观的评价结果，而且还可以指导环境监测和治理工作，增加河流环境治理工作的有效性。在数据收集和调查的基础上，通过理论方法研究，选择合适理论，初步建立主控因子筛选模型，筛选出目前海河干流的环境质量主控因子，为海河干流的污染减排治理、确定减排主要对象提供理论依据和技术支撑。

4.1 环境质量主控因子筛选方法分析

在评价区域环境质量时，由于影响环境的因素很多且它们对环境的影响各不相同，显然不可能对各因素等同看待，这时找出产生主要影响及可能引起环境突变的因素，并针对能快速改变环境质量的主控因子进行预警和治理，可收到事半功倍的效果。主控因子有可能是在研究对象中占比例最大的因子，也有可能是所占比例不大却能引起环境质量突变的污染物。例如，水体受到氮、磷污染，或许氮、磷的量不一定很大但却已经接近该水体的环境容量，此时即使向水体中增加少量的氮、磷污染物，也会超出水体的自净能力导致水体质量迅速恶化，发生大量有害藻类快速繁殖、水体溶解氧下降的现象。在这种情况下，氮、磷便是可能引起环境质量突变的关键因子。所以针对海河干流中存在的多种污染物，有必要进行主控因子的筛选，从多种污染物中选取一至两种主控因子进行研究，不仅能够提高研究的效率，也是提高海洋管理水平的必要途径。

目前对于河流环境质量的评价方法已经有大量的研究，对于环境质量主控因子的判别方法也有了一定的认识，归纳起来大致可分为五类。

1. 主观认定法

主要依赖分析者的主观认识，以德尔菲法为主要代表，这类方法大都是通过经验或人为确定指标相对权重，虽然分析结果能够反映人为意愿，但结果具有一定任意性。

2. 间接推断法

间接推断法是借助技术经济和环境经济分析以及经济决策和管理工作中常用的"灵敏度"分析方法，间接找出对结果起关键作用的因子。间接推断法公式如下：

$$P = \sum_{i=1}^{n} P_i = \sum_{i=1}^{n} C_i / C_{is} \tag{4-1}$$

式中，P_i 为单个因子的污染物指数；C_i 为污染物实测值；C_{is} 为污染物的环境质量标准值；i 为某种污染物；n 为待评价污染物的总数。此方法以任一因子 C_i 作为自变量，其他 $n-1$ 个因子固定不变时，计算 P 的变化量，算式为 $\Delta P = \Delta C_i / C_{is}$。当 C_i 增量 ΔC_i 相同时，使 P 值变化量最大的 i 因子为灵敏因子，即主控因子。这便是间接寻找关键因子的方法。然而此方法是求出各因子的 C_{is} 值的倒数，通过比较一系列的 $1/C_{is}$ 值，间接反推主控因子，不考虑各因子的存量及增量，因此难以反映各因子的动态变化趋势。

3. 直接寻找法

主要方法有两两比较法、层次分析法、主因素分析、污染物排放量对比法、等标污染负荷等。相比主观认定法，直接寻找关键因子的方法显得比较客观，也有一定的程序。但这些方法涉及较烦琐的数学演算，有些方法所用参数的物理意义也不易为非专业人员理解，并且过多掺入了一定的主观标准，只适于静态地处理问题。

4. 投影寻踪法

投影寻踪法是一种处理多因素复杂问题的统计方法，就是将高维数据向一维方向进行线性投影，通过一维投影数据的散布结构来研究高维数据的特征。主要步骤是将各指标数据归一化处理，然后计算投影值并构造目标函数。通过最优投影方向计算综合投影特征值。运用此模型对各评价样本进行计算，根据各指标的投影值分量得到对应的相对权重并进行排序，每次剔除各样本中权重最小的指标后，对余下的指标再进行模型运算，在满足一定条件和原则情况下，反复计算，最后找出关键因子。这种方法理论性较强，计算结果较为准确，但是操作过程复杂，而且没有考虑污染物变化趋势，适用于分析静态问题。

5. 增量趋势法

此种方法判别主控因子，主要涉及各种因子的起始值（本底值）C_i $(t-1)$，现时（t 时）的实际值 C_i (t)，标准值 C_{is}，因子实际与标准的差距 $\Delta C_{i1} = C_i$ (t) $-C_{is}$，以及变化值 $\Delta C_{i2} = C_i$ (t) $-C_i$ $(t-1)$，用与 ΔC_{i1}、ΔC_{i2} 对应的相对量 y_{i1} 和 y_{i2} 来进行讨论，其中：

$$y_{i1} = [C_i(t) - C_{is}]/C_{is} \qquad\qquad (4-2)$$

式中，y_{i1} 为第 i 种因子背离标准值的相对量，即相对超标量；C_i (t) 为第 i 种污染因子的实际浓度；C_{is} 为某种污染因子的标准浓度。

$$y_{i2} = [C_i(t) - C_i(t-1)]/C_i(t-1) \qquad\qquad (4-3)$$

式中，y_{i2} 为环境中第 i 种因子数值的逐年变化的相对量，即相对变化量。C_i $(t-1)$ 为第 i 种污染因子的起始值。

采用 y_{i1}、y_{i2} 既可对某因子做纵向历史比较，比较超标发展情况以及逐年增减的快慢；也可对各因子做横向比较，比较各年份各因子的环境容量以及它们各自增减的速率。$y_{i1} > 0$，即 $\Delta C_{i1} > 0$，说明第 i 种因子超出环境质量标准，污染负荷大于环境容量，已构成现实环境污染，该种因子已成为现实的污染因子；$y_{i1} \leqslant 0$，即 $\Delta C_{i1} \leqslant 0$，说明第 i 种因子还未超标，环境对之还有一定的容纳能力或刚达到环境的容纳限度，因而尚未构成现实污染危害。$y_{i2} > 0$，即 $\Delta C_{i2} > 0$，说明第 i 种因子在环境中的数量在增加，正在引起环境质量向不利方向转化；$y_{i2} \leqslant 0$，即 $\Delta C_{i2} \leqslant 0$，说明第 i 种因子在环境中的数量在减少或不变，该物质对环境的污染状况可能在改善。

根据相对超标量 y_{i1} 和相对变化量 y_{i2} 的符号，可将待分析环境对象分成下述 4 种状态。

状态（1.1），$y_{i1} > 0$，$y_{i2} > 0$。此状态表示环境污染不但已经发生，而且正在加剧，处于状态（1.1）状态的因子是现实的主要污染因子，是治理环境污染时的关键因子，有必要对之进行重点整治。

状态（1.2），$y_{i1} > 0$，$y_{i2} \leqslant 0$。此状态表示环境污染虽已发生，但污染程度趋于减轻，对应的因子是现实污染因子，却不一定是关键因子。

状态（2.1），$y_{i1} \leqslant 0$，$y_{i2} > 0$。此状态表示第 i 种因子的数量正在增加，现在虽没有超标，还未造成现实环境污染危害，却是使环境质量变差的潜在因子，是潜在的关键因子，如果任其继续发展下去，便可能成为现实的污染因子，应成为主要关注对象，对其分析可起预警作用。

状态（2.2），$y_{i1} \leqslant 0$，$y_{i2} \leqslant 0$。此状态表示第 i 种因子不仅未超标，而且在环境中的数量还在减少，为非污染因子，治理时可以不必专门考虑此因子，采取已有措施维持其现状即可。

规定不超标比超标好，好转比恶化强，并据此对 4 种状态由差到好进行排序：

状态（1.1）最差，状态（1.2）较差，状态（2.1）较好，状态（2.2）最好。因为前两种状态均是超标态，状态（1.1）不仅超标而且在继续恶化，所以为最差状态；状态（1.2）虽超标却在向好的方向转化，所以次之。后两种状态均为未超标态，状态（2.1）在向超标发展，所以为应予密切关注的第三等状态；状态（2.2）不仅未超标且还在不断好转，所以定为最好状态。

当有若干因子满足同一状态时，可再比较 y_{i1} 或 y_{i2} 的值，依此对同一状态下的因子进行状态内排序——子排序。通过子排序，可进行因子判别：同属使环境状况恶化的因子，比较恶化的相对程度可识别哪种污染物在使污染程度加剧；同属使环境状况改善的因子，可识别哪种因子改善环境的效果更佳。然后，在状态排序和子排序的基础上，完成所有待分析因子的总排序。此方法在评价单个时间段环境质量时非常适用，不仅考虑了环境背景与现状，还考虑了污染物的变化情形，但在对多个时间段环境质量评价时，操作有些困难。

由于在一般筛选环境质量主控因子的过程中，往往只考虑到污染物的现状水平，考虑其变化趋势的因素较少，不能反映污染物的变化水平，或因为样本信息有限，结论可靠性不高，所以在判别海河干流的环境质量主控因子时，重点考虑污染物的变化趋势，采用增量趋势法进行判别。但由于海河干流范围较大，一般的增量趋势法只适合性质较为单一的区域，并不适用于海河干流区域，所以要对该方法进行修订，建立适合海河干流区域的增量趋势分析模型。

4.2　环境质量主控因子判别模型

天津海河干流环境质量主控因子筛选模型是以增量趋势法为基础，针对该方法的一些缺陷进行修订，主要体现在以下几个方面：

（1）对于整体海河干流来讲，由于其范围较大，包括不同的功能区，水质标准也不同，一般的增量趋势法是将研究区域作为整体进行分析，没有考虑区域内部污染物状况的差别，不适用于大范围、污染物浓度差别较大的区域。而海河干流水质功能分区较多，所以要根据不同的功能区标准值分别对分区的关键因子进行判别，将各分区的结果以图表的形式记录下来并进行汇总。

（2）传统的增量趋势法由于只是得出单一数值，结果可直接表示污染物关键程度，但由于海河干流是分区域进行计算，得出的结果也较多，所以在增量趋势法中增加 4 种状态的权重，根据专家咨询的结果，按 4 种状态的关键程度将权重确定为0.4、0.3、0.2、0.1，每个区域的某种污染物重要性打分为该污染物对应的状态权重，通过将各区域的打分相加得出整体海河干流中某种污染物的得分。

（3）将多种污染物的得分进行综合排序，得出整体海河干流污染物的重要性顺序，选取得分较高的作为环境质量主控因子，这种调整主要是减少了在判别过程中人为因素对因子筛选的影响,提高了准确程度。

这种修订方法弥补了传统增量趋势法的缺陷,在考虑污染物动态变化的同时,又可分析较大区域的环境质量主控因子;另外根据污染的严重程度确定权重,避免了主观因素对判别过程的影响,结果也更为科学。

归纳上述内容,具体的环境质量主控因子判别步骤可这样进行:

(1)先根据参数 y_{i1} 与 y_{i2} 的符号逐年确定各因子所处状态,即确定各因子在各分析年属于状态(1.1)、状态(1.2)、状态(2.1)、状态(2.2)中的哪一种;

(2)在同一状态下进行子排序,此时所选参数可以是 y_{i1},也可是 y_{i2};

(3)依前述状态间的排序和同一状态下的排序进行总排序。

根据上述方法,结合各特征区域的水质监测数据,就可以对海河干流特征区域的环境质量主控因子进行筛选,但对于整体海河干流来讲,由于其包括不同的功能区,标准值也不同,所以可按环境功能区类型对海河干流进行划分,根据各类环境功能区的监测数据分别对各功能区的关键因子进行判别,将结果以图表的形式记录下来并进行汇总,以各类状态出现的次数作为判别整体海河干流环境质量主控因子的依据。

环境质量主控因子筛选模型如图 4-1 所示。

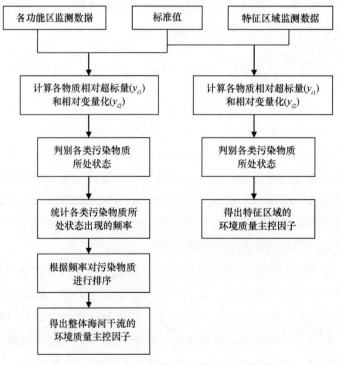

图 4-1 海河干流环境质量主控因子筛选模型

　　根据这种主控因子筛选模型，可以对海河干流这种大面积区域进行分析，得出对海域环境影响最大的因子进行研究与控制。由于这种修订后的模型不仅考虑了污染物的变化趋势，同时通过规定权重降低了主观因素的影响，使准确程度更高，适用性也更加广泛，结果能够更加准确地反映海河干流的特点。

4.3　海河干流环境质量主控因子判别

　　目前，海河干流存在的主要污染物包括 COD、BOD、氨氮、总氮、高锰酸盐指数、石油类、重金属、挥发酚等，利用修订的增量趋势模型对海河干流进行环境质量主控因子的判别，步骤与结果如下。

　　（1）按照界面分区的要求对海河干流进行划分，以二道闸为断面分为市区段与入海段，以海河干流水质监测的数据为基础，将同一区域的监测结果进行加和平均，作为分析依据。

　　（2）计算各分区的主控因子，通过打分排序确定海河干流的环境质量主控因子。利用分析模型进行计算，结果如表 4-1 所示。

表 4-1　天津海河干流环境质量主控因子排序

排序	污染物种类	得分
1	总氮	2.2
2	石油类	1.8
3	COD	1.5
4	BOD	0.9
5	总磷	0.8
6	高锰酸盐指数	0.7
7	挥发酚	0.5
8	重金属	0.3

　　得出主控因子后，可根据海河干流区域经济产业结构与污染物变化趋势、环境质量主控因子，对目前海河干流存在的问题提出建议性措施。

　　根据表 4-1 可以看出，目前对海河干流环境质量影响较大的为总氮，其次为石油类物质和 COD。结合天津地区实际状况，确定以总氮、石油类和 COD 作为今后开展海河干流水环境质量的主控因子。具体选择依据如下：

　　（1）根据近年来对海河干流监控区的监测数据调查显示，天津海河干流区域中氨氮超标最为严重。近两年虽然氮、磷污染情况较前几年有所好转，但是海河干流的水环境还是处于营养盐污染超标状态，水体氮磷比失衡，说明目前海河干流区域的总氮污染还是较为严重的，且有逐年增加的趋势。由于氮污染的来源较为广泛，除了工业生产中会产生一定的氮（如石油化工、冶金、农药等工厂所排出的污水中含有较多的氮，食品和化肥等工厂所排出的污水中含有较多的氮）外，生活污水和农业废物也是无机氮污染的主要来源。在生活污水中，除含有大量的粪便和生物残骸等有机质外，还含有大量的营养盐。海河干流受外省市来水影响较大，京、津、冀等地的生活污水的最终归宿是海河干流，并最终经海河防潮闸进入天津市近岸海域。长期以来，大量残留在水体中的氮随污水最终进入海河干流与天津近岸海域，使天津海域水体中的氮污染负荷增加。同时海河干流入海段区域内面源污染较为严重，部分沿岸居民的生活污水直接排入海河中，这也是导致海河干流下游氮污染较为严重的原因之一。因此，结合分析结果可以将总氮作为今后海河干流环境质量主控因子之一。

（2）石油类物质与 COD 的影响程度接近，石油类略高，但是石油类污染主要集中于海河干流下游区域，污染程度相对较重，并且石油类污染程度也呈现出逐渐加重的趋势；同时以天津海域的实际情况来看，石油类污染本身也较为严重，因此根据"以海定陆"的思想，将石油类作为海河干流环境质量的主控因子之一。

（3）海河干流水体的最终受体是天津海域，而 COD 是目前海洋监测中最常规的监测物质，也是国家海水水质标准中提到的主要控制物质之一。根据渤海湾 2005—2015 年的有关数据显示，近 10 年来 COD 的排放量呈下降趋势，这与国家和天津地区进行 COD 的综合治理是密不可分的，但同时应看到，2015 年监测结果表明，部分 COD 浓度又再次超过了 2.0 mg/L 的二类水质标准，COD 的污染风险有增加的趋势。而且近几年天津市大部分排污口都存在 COD 超标的现象，COD 仍是各排污口的主要污染物。从海河干流的 COD 污染特征来看，虽然 COD 指标在近年来呈现下降趋势，但总体污染程度还较大。另外，COD 污染的来源也较为广泛，很多行业的生产都会造成不同程度的 COD 污染，例如造纸工业、肉类加工工业、合成氨工业、航天工业、钢铁工业、烧碱、聚氯乙烯工业等。在未来的 10 年中，为发挥各地区特色，促进滨海新区全面发展，航空城、东丽湖休闲度假区、天津经济技术开发区西区及滨海高新技术产业园区、（海河下游）现代冶金工业区和海滨休闲旅游区 5 个重点建设区将会大力发展，容易引起海河干流水体中 COD 含量的增加。因此可以看出，COD 的污染防治还是未来几年海河干流环境管理的主要内容，所以将COD 也作为海河干流环境质量主控因子之一。

4.4　海河干流污染防治对策

（1）实行强制淘汰制度，加大工业结构调整力度，促进流域工业企业污染深度治理。严格执行国家产业政策，不得新上、转移、生产和采用国家明令禁止的工艺和产品，严格控制限制类工业和产品，禁止转移或引进重污染项目，鼓励发展低污染、无污染、节水和资源综合利用的项目。鼓励工业企业在稳定达标排放的基础上进行深度治理，鼓励企业集中建设污水深度处理设施。

（2）积极推进清洁生产，大力发展循环经济。按照循环经济理念调整经济发展模式和产业结构。鼓励企业实行清洁生产和工业用水循环利用，发展节水型工业。

（3）严格环保准入。新建项目必须符合国家产业政策，执行环境影响评价和"三同时"制度。从严审批新建与扩建产生有毒有害污染物的建设项目。暂停审批超过污染物总量控制指标地区的新增污染物排放量的建设项目。切实加强"三同时"验收，做到增产不增污。

（3）继续实施工业污染物总量控制。开展工业污染源普查，建立污染源台账。推行排污许可证制度。依法按流域总量控制要求发放排污许可证，把总量控制指标分解落实到污染源。

（4）加强对重点工业污染源监管。重点工业污染源要安装自动监控装置，实行实时监控、动态管理。增加污染物排放监督性监测和现场执法检查频次，重点监测和检查有毒污染物排放和应急处置设施情况。要求企业对各类生产和消防安全事故制定环保处置预案、建设环保应急处置设施。

（5）合理确定污水处理厂设计标准及处理工艺。污水处理厂建设要按照"集中和分散"相结合的原则优化布局，根据当地特点合理确定设计标准，选择处理工艺。对直接排入渤海及封闭或半封闭水体、现已富营养化或存在富营养化威胁的水域的，应选用具有强化除磷脱氮功能的处理工艺。污水处理设施建设要与供水、用水、节水与再生水利用统筹考虑，省辖市污水再生利用率要达到污水处理量的20%以上。

（6）加强污水处理厂配套工程建设。污水处理系统建设的原则是"管网优先"，大力推行雨污分流，加强对现有雨污合流管网系统改造，提高城镇污水收集的能力和效率。高度重视污水处理厂的污泥处理处置，新建污水处理厂和现有污水处理厂改造要统筹考虑配套建设污泥处理处置设施。

（7）节约用水，提高城市污水再生水利用率。采用分散与集中相结合的方式，建设污水处理厂再生水处理站和加压泵站；在具备条件的机关、学校、住宅小区新建再生水回用系统，大力推广污水处理厂尾水生态处理，加快建设尾水再生利用系统，城镇景观、绿化、道路冲洒等优先利用再生水。

（8）加强污水处理费征收。流域内所有城市（县）必须加大污水处理费的收缴力度，将收费标准提高到保本微利水平。各地应结合本地区污水处理设施运行成本，制定最低收费标准，当地政府安排专项财政补贴资金确保设施正常运行。

（9）加强城镇污水处理工程建设与运营监管。污水处理设施设计要合理选择工艺，严格控制规模与投资。污水处理设施建设要政府引导与市场运作相结合，推行特许经营，加快建设进度。城镇污水处理厂进、出水口应全部安装在线监控装置，并与环保、建设等部门联网，实现污水处理厂的动态监督与管理。

（10）加快湖、库周边地区农产品种植结构调整力度，发展生态农业、有机农业，各级政府加强政策引导，给予必要的技术支持，推广测土配方施肥等科学技术，科学合理施用化肥农药。

（11）全面治理畜禽养殖污染，严格控制畜禽养殖规模，鼓励养殖方式由散养向规模化养殖转化。湖库周围要划定畜禽禁养区，禁养区内不得新建畜禽养殖场，已建的畜禽养殖场要限期搬迁或关闭。规模化畜禽养殖场的管理方式要等同于工业污染源，加强污染物的综合利用。

（12）结合社会主义新农村建设，指导湖库周边乡镇编制农村环境综合整治规划，推进农村社区环境基础设施建设，改水、改厨、改厕，建立生活垃圾收集处理系统，减少农村污染对湖、库水质的影响。

（13）在重点湖、库和重点河流入湖、库口建设生态湖滨带和前置库等生态修复工程，选择适宜的地区进行生态屏障建设。种植有利于净化水体的植物，提高水体自净能力。对主要入湖、库河流，要逐条进行综合治理，逐步恢复生态功能。

第5章 经济发展与环境关系的理论分析

5.1 概念界定

1. 生态环境

近几年来，"生态环境"被不断提及，但"生态环境"的含义并不是固定不变的，随着语境的不同，其所代表的含义也有所不同。目前一般意义上，生态环境是指我们生存所依赖的自然环境和社会环境。生态环境通常情况下是以一定的中心存在物为主进行界定的，即以这个存在物为中心，围绕着它的外部条件，包括地域、空间、自然条件和人文条件等，都是这一中心存在物的"生态环境"。因此，当中心存在物不同，围绕着它的外部条件必然不相同，所形成的"生态环境"也就不同了。所以说，一般意义上的"生态环境"并非一个绝对的概念，而是一个相对、可变的概念。

从各个学科的角度进行专业的界定，"生态环境"的概念也不相同。从生态学角度看，"生态环境"是指将中心设定为完整的生物界，而围绕在这个中心物周围的外部条件便是所谓的生态环境。从环境科学角度看，"生态环境"是指包括各类自然因素在内的集合，这些因素会直接或间接地对人类生产生活造成一定程度的影响。为了保证法律具体可行，环境保护法中"生态环境"的概念是从狭义的角度界定的，《中华人民共和国环境保护法》中对环境的定义如下："本法所称环境是指影响人类生存和发展的各种天然的和经过人工改造的自然因素的总体，包括大气、水、海洋、土地、矿藏、森林、草原、野生生物、自然遗迹、人文遗迹、风景名胜区、自然保护区、城市和乡村等。"从经济学角度看，"生态环境"是指由能对人类的一系列经济活动如生产、分配、交换等产生影响的各种自然要素所构成的生态系统和空间环境，提供自然资源以及接收经济活动产生的废弃物产生效用，并间接地促进经济增长。本著中的"生态环境"是指将人类作为中心存在物，围绕在其周围且能够对其活动产生影响的外部环境，包括土地、水、矿产、能源、森林、草地等，也包括大气、土地、水等生态系统。

2. 经济增长和经济发展

新古典经济学家认为，经济增长是指一定时期内，一个国家或地区生产要素投入增加，生产效率得到提高，生产产出增多以及经济规模得到扩大。经济增长的过程中，通过要素市场和产品市场使生产者和消费者得以紧密联系，同时，产值和利润进一步提高，并创造更多的物质财富。以诺斯为代表的制度经济学家认为，有效的制度安排和合理的激励设置，可以推动知识的发展和技术的进步，并最终促进经济增长。以往在经济领域，人们通常只注重经济的增长，将促进经济的快速增长视为工作重心和首要任务，反映在具体指标上，则是主要关注国民生产总值、国民收入等总量指标。

经济发展则是一个更加多元的概念，包括经济总量的增加、产业结构的升级、经济体制的完善、人民生活质量的提高、生存环境的改善等。经济发展概念经过一个历史过程得以形成，它包括：①经济总量增长；②社会经济结构完善，如经济制度、分配制度、消费制度等逐渐合理；③人类生活质量提高。经济发展的要义就是通过完善经济结构，提高生产要素的利用率，使经济结构更加合理，从而实现经济总量的进一步增长，人类福利水平进一步提高。

经济增长与经济发展这两个概念相伴而生，人们在日常用语中，经常不加区分，但事实上，这两个概念既相互联系又相互区别。经济增长侧重强调经济总量的增加，尤其关注总产出和国民生产总值等指标的增加，而经济发展的概念则更加多元，不仅重视经济增长，即相关经济指标的增加，更关心经济增长的质量以及经济结构的完善。经济增长仅是经济发展的一个方面，除了重视相关经济指标的增加，经济发展更重视经济结构根本性的合理。因此，经济增长只是经济发展过程中的一个阶段性目标，经济的全面协调发展才是最终的目的。如果走粗放型的经济发展模式，以污染生态环境为代价实现经济增长，由于环境的不可再生性，经济只能实现短期增长，最终肯定不能实现经济全面健康发展。所以，应该重视强调促进经济增长，从而可以积累足够的资本，为经济发展提供经济基础，最终实现生态效益和社会效益的双赢。

5.2 理论分析

5.2.1 可持续发展理论

可持续发展是指既满足当代人的需要，又不对后代人满足其需要的能力构成危害的发展。从系统论的视角看，可持续性是指持续地保持某种状态，可持续性状态的形成是各种复杂因素共同作用最终形成的，包括了三个基本的方面，即生态环境的可持续性、经济发展的可持续性以及社会进步的可持续性，三者相辅相成，不可分割。在这个稳定的状态中，核心基础是确保生态环境的可持续性，重要目标是维持经济发展的可持续性，而根本保障在于保持社会进步的可持续性。可持续性有强弱之分，弱可持续性是指人造资本和自然资本可以自由替换的状态，而强可持续性则是要求自然生态环境中的每个要素均维持最初原始的状态，保护物种、最低程度减少对生态环境的破坏、尽量多使用可再生资源以维持不可再生资源的数量。

"可持续发展"一词最先在 1980 年国际自然保护同盟发布的《世界自然保护大纲》中提及，此后，通过一系列的国际会议的召开，环保人士不断推进可持续发展的战略构想的形成，包括 1992 年世界生态环境与发展会议、1994 年世界人口与发展会议、1995 年哥本哈根世界首脑会议等。经过他们的不断努力，可持续发展模式得到了世界各国的广泛关注，并作为一种新型的发展方式成为国际会议中的正式议题。"可持续发展"思想是一个综合性的体系，涉及经济发展和社会生活的方方面面，包含经济发展与环境保护的协调、当代人之间的公平、当代人与后代人之间的公平以及各个主权国家之间的平等等方面的内容。它提倡通过对人类古已有之的生产生活方式和现存的国际关系进行调整，以更合理更和谐的方式，促进人类社会的进步与发展。可持续发展最终目的是发展，关键是持续性，本质是为了人类社会系统和生态环境系统协调发展。因此，可持续增长是可持续发展的具体表现形式，而可持续发展才是人与自然和谐共处的应有之义。

1. 经济增长与可持续发展

经济增长与可持续发展的关系，一方面体现在可持续发展理论将经济活动过程中产生的环境成本纳入微观企业的成本核算中，使得产生污染的企业必须对其经济活动中产生的负面作用承担相应的经济责任；另一方面，可持续发展理论在结合宏微观的研究基础上，建立了全新的环境-经济一体化指标体系，即在国民核算体系的基础上，连接传统的国民账户和包括自然资源和生态环境在内的卫星账户而形成的环境与经济综合核算体系 (System of Integrated Environment and Economic Accounting)。

可持续发展并不意味着约束经济的增长，相反，可持续发展要求在福利不下降的约束下实现经济增长。也就是说，可持续发展经济学，既要求同一代时期内的福利不下降，也要求代际之间的福利不下降。在更为严格的代际公平的标准指导下，就必然要求人类进行经济活动的过程中，要减少对生态环境的破坏，从而增强生态环境的可持续发展能力，使经济增长和生态环境可以形成良性互动。

2. 生态环境与可持续发展

所谓生态环境的可持续性一方面是指在已设定的"经济规模"没有被突破的情况下所获得的"发展"。当前人类为了追求过度的经济增长而无休止地突破生态环境的约束，从而造成了生态环境不断恶化且难以修复的恶果——雾霾加剧、大气污染和温室效应、水污染和海洋污染、土壤流失和退化、极端恶劣自然灾害频发等。

另一方面，也体现在保证代际公平。如果生态环境没有因为人类的极度破坏而失去其本身拥有的可持续能力，那么，我们就可以在满足我们这一代人发展的需要的同时，使后代人有足够的生态环境资源可以改善他们的生活福祉，发挥生态资源的长期效益。因此，我们应当尊重生态资源固有的内在价值，倡导生态环境资源与经济资源平等，追求经济利益和生态利益的协调统一。

5.2.2 环境经济价值理论

环境经济价值是特殊的价值表现形式，它将生态环境价值和经济价值二者融合、共生以及兼顾，从而可以比较系统地反映出经济价值与生态环境价值、生态环境成本与经济成本和产出之间的关系，而环境经济价值理论便是在这样的认识上进行探讨的。在环境经济价值理论的指导下，能够更有力地体现出劳动价值的双重属性，即包含在其中的自然生态环境属性和经济社会属性。并非所有劳动价值或者社会必要劳动都是对社会或人类有益的，因此，在计算生态环境效益时，应有意识地将劳动价值区分为有益或者无益甚至有害，将产值也区分为有效或者无效。当人类的某些社会必要劳动或者某些必需的使用价值对环境会造成污染和破坏时，这一类价值被认定为是有害的，即使人类为了一时的方便而做出这些行为，最终我们也得通过抽象劳动创造出价值加以偿还。同理，如果我们生产的产品是通过污染生态环境得到的，那么，由于清除生产这些产品过程中产生的污染需要耗费产值，因此，这些产品的产值也就无效。

环境经济价值理论体现在能够使环境效益和经济效益进行交换的市场机制中。当环境经济利益在市场中被分割就表现为环境经济价值的交换，只有当市场机制合理有效，才能使环境经济价值在生产和实现中发挥充分的作用。只有当生产者和消费者能够合理地评价生态环境的经济效用时，市场机制才能够发挥其作用。因此，建立以环境经济价值创造为中心的经济体系对于促进自然环境与经济社会共同发展至关重要。

环境经济价值理论的发展是为了缓解经济发展过程中产生的更深层次的社会矛盾，也就是为了解决在经济发展过程中产生的生态环境与经济增长的不协调。在促进经济增长的过程中，环境经济价值理论的指导可以缓解不同利益主体、不同行事主体之间存在的生态环境矛盾。

5.2.3 外部性理论

外部性是指一个经济主体的活动会对其他经济主体产生受损或者受益的影响，也称为溢出效应或者外在效应。当这种影响会使其他主体的福利增加，称为正的外部性；若这种影响会使其他主体的福利受损，则称为负的外部性。外部性理论的出现，为解决环境问题提供了崭新的思路，有利于运用经济手段对生态环境进行更有效的保护，也为政府行使宏观调控职能提供一个参考依据，从而能够更有效地调控资源配置。

生态环境的外部性具有两重属性，既指人与自然的关系，也指生态环境激励和约束的关系。要达到人与自然的和谐共生，就必须使生态环境激励和约束实现均衡，也就是要缓解甚至是消除生态环境的外部性。

1. 外部性对生态资源配置的影响

在环境保护领域，我们通常要解决的问题是消除环境的外部不经济性。环境的外部不经济性反映的是生态资源配置的低效率，通常体现为人类生产以及消费的外部不经济性。由于人类生产和消费过程的外部不经济性最终导致生态环境被永久性破坏，从而产生了一系列生态环境问题。对于单个企业，当它存在外部不经济性时，污染产品被过量使用，符合环境保护的产品产出过低，就出现了生态环境成本增加的状况，生态环境被破坏，最终生态环境资源就不能达到最优配置。

生态环境资源的外部性问题通常与生态环境资源的稀缺性问题联系在一起，本质原因在于当存在环境的负外部性时，产生环境破坏和污染的生产或者消费行为存在较大的社会成本，但在生产者和消费者的私人成本中，这些社会成本并没有予以体现，因此造成了私人成本和社会成本不匹配。利己的私人出于降低私人成本的考虑，必然会过度使用生态环境资源，从而造成资源的进一步稀缺。如工业企业在进行工业生产过程中，任意排放工业"三废"等行为，由于他们在排污的过程中无须额外负担消除排放"三废"给整个社会带来的不利影响，其私人成本必然远远小于整个社会的成本，因此，为了提高经济效益，他们必然增加生产，同时伴随着排污的增加。在这样的背景下，我们只有推动生态环境的经济化，才能更好地降低社会成本，使社会成本和私人成本相平衡，最终提高社会整体福利水平。

2. 产权理论对生态环境的影响

科斯的产权理论认为，在产权清晰且交易成本为零的情况下，通过市场交易可以消除外部性。也就是说，不管初始产权如何界定，只要能够界定清楚，而且市场交易的成本足够低，那么通过市场交易，资源的利用必然能达到最优状态。因此，从产权理论的角度来看，之所以会产生负的外部性，主要是由于产权界定不清晰。产权理论为解决外部性的问题提供了一个全新视角，即可以通过赋予受外部不经济影响的利益受损方所有权或者使用权，使其能够免受外部不经济性的影响。通过赋予生态环境容量使用者对生态环境的使用权进行分配的权力，使产权得以清晰，这样既可以解决使用生态资源过程中产生的"产权拥挤"的问题，又可以追求私人利益和社会利益的同时最大化。合理的产权制度意义重大，只有通过它将外部不经济内部化，才能够明确人们使用生态环境资源的边界，从而减少无效地利用资源浪费资源，避免无效率地进行经济活动。

3. 公共产品的供给

公共产品的特征是具有非排他性、非竞争性，以这个标准看，生态环境属于公共产品。由于生态环境具有非排他性和非竞争性，因此消费生态资源产品的过程中，增加一个人消费该资源的同时并不会减少其他人享用该资源所得到的利益，这必然导致各个经济人为了使自己的个人利益最大化而成为"免费搭车者"。与此同时，由于生态环境的公共物品属性必然也导致单纯依靠市场机制的调节无法实现生态资源的优化配置，因此，在优化公共产品供给的过程中，应该结合产权理论，根据各种生态资源的属性对其加以区分，并做出相应的制度安排，从而实现生态资源的合理配置。

5.2.4 环境库兹涅茨曲线假说基本理论

环境库兹涅茨曲线（EKC）理论是库兹涅茨假说在环境领域的延展。库兹涅茨曲线首先由诺贝尔经济学奖获得者、著名的经济学家 Kuznets 教授在 1955 年提出，这一理论描述了收入分配与经济发展之间的关系。在研究过程中，他选取了处于不同发展阶段的多个国家的收入分配与经济增长的数据进行了实证检验，结果表明，收入不平等与经济增长之间的关系是伴随着从传统农业向现代化工业转变这一过程共同发展的，并且这种收入差距的长期发展趋势是"先增大，后减小"的。与此同时，他在研究中通过比较发展阶段不同的国家中收入差距和经济发展之间关系后发现，与工业化发展相对成熟的发达国家相比，在仍处于工业化发展初期的发展中国家中，这种收入分配不平等的现象更为明显。如果以人均的收入水平作为横坐标，以收入差距指标作为纵坐标，其二者关系表现出一种先上升、后下降的一条倒 U 形的曲线，后来库兹涅茨曲线的概念被广泛地应用到环境领域。

EKC 理论描述了经济发展与环境质量之间的关系。两者在社会发展的过程中互相制约，互相影响：在经济发展的初期，随着工业化程度不断成熟，不可避免地会造成能源资源的大量消耗，从而导致一系列环境生态的污染问题，但是在这个发展阶段，无论是人们的环境保护意识或者是相关的环境治理投资都相对匮乏，因此环境质量会快速恶化；当经济发展到一定程度之后，人们无须再担心温饱问题转而开始注重对生活环境质量的追求，同时技术发展、环境污染的投资等相关措施的成熟，使得环境问题开始逐渐改善，最终实现经济和环境的协调发展。二者之间同样呈现出一条倒 U 形的曲线关系。图 5-1 具体表述了在经济增长的各个阶段，环境质量的变化过程及两者之间的关系。

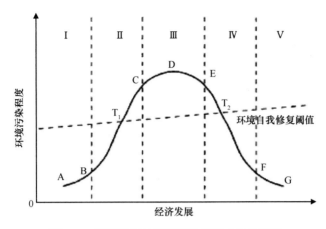

图 5-1　经济增长与环境污染程度之间的关系

图 5-1 中，横坐标为经济发展情况，纵坐标为环境污染程度，图中倒 U 形曲线为 EKC。其中 AD 段曲线的斜率大于零，表示环境污染程度随着经济增长而不断恶化，即经济增长与环境恶化呈正相关关系。AB 段的曲线斜率小于 1，属于经济发展水平较低的阶段，人类的经济活动相对简单，对于环境的影响十分微弱，仅靠环境的自我恢复能力即可修复由经济增长带来的环境问题，其对应的 I 区域称为自然经济阶段；随着经济的不断增长，人类社会逐渐步入了工业化阶段 II，曲线 BC 段斜率大于 1，即环境污染的增长速度大于经济增长速度，在 BT_1 段环境恶化的程度还没有超过环境自我恢复的阈值，此时的经济增长是以环境恶化作为代价，而在 T_1C 段，环境恶化程度已经超过了环境自愈能力和人类能够控制的范围，环境生态问题开始显现，此时最容易爆发环境灾害；这时人们逐渐开始重视环境问题，随着经济的发展，人们开始有能力投入并且治理环境问题，经济的增长开始抑制环境继续恶化，此时曲线 CD 段的斜率开始小于 1，并继续减小直至到达顶点 D。在越过顶点之后，曲线开始呈现下降趋势，斜率开始小于 0，即经济增长和环境恶化呈现负相关关系，初步开始实现经济发展和环境保护的协调发展，CE 段所在的区域 III 被称为过渡转型阶段；区域 IV 称作后工业化阶段，随着经济的进一步发展，产业结构、能源结构及相关技术都发展到了较为成熟的阶段，环境重新回到了自我恢复阈值的范围内；当经济发展进入到 FG 段之后，环境问题从根本上得到解决，真正实现了经济增长与环境保护的协调发展，同时也步入区域 V，即生态经济阶段。

除了上述的倒 U 形曲线，之前大量的研究发现经济增长与环境质量之间还存在着其他的曲线形状，比如正 U 形、倒 N 形、正 N 形、M 形、线性正相关形、线性负相关形等。本著认为以上这些研究成果都是合理的，并且有关 ECK 研究的结论与研究对象区域、环境污染指标、经济增长指标和数据的时间跨度等都有很大的关系。可能因为某一个或一些因素在某个时间点，对于环境质量的影响起决定性的作用，从而使得曲线出现暂时的下降或者上升的趋势，但是如果考虑长期的发展关系，经济发展和环境污染指标之间往往会满足传统的倒 U 形曲线关系。

另外，从长期的角度来看，在达到经济发展和环境保护之间协调发展之后，依然可能存在环境再次恶化的隐患，即可能还会出现第二个或者第三个倒 U 形曲线，从而使得整个曲线关系变成波浪形曲线关系。目前，整个世界发展的阶段仍处于第一个倒 U 形曲线内，在未来的某个时间点可能会出现第二个历史性"革命"，像工业革命一样，使得经济发展不可避免地造成了环境恶化，如发生核辐射、稀有元素污染等新型的污染，从而使整个世界的发展进入第二个倒 U 形，经济发展和环境质量之间的长期关系如图 5-2 所示。这一结论正确与否还需要进一步的实践和证明。

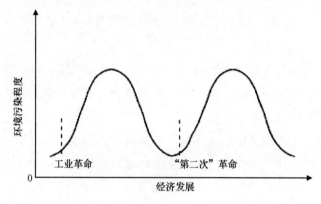

图 5-2　经济发展与环境之间的长期关系

第6章 环境质量与经济发展预测模型研究

总体来看，国外对于经济发展与环境质量的研究起步较早，大部分研究都是基于库兹涅茨曲线进行的。随着研究的不断发展，环境库兹涅茨曲线（EKC）根据经济发展出现的多种可能结果而呈现出不同的形状，因此在今后的研究中，应该把研究重点放在经济—环境系统的多项因素中去，而不是单个的考核指标。而从国内关于 EKC 的实证研究可以看出，目前 EKC 模型还存在缺陷，还没有考虑经济结构、科技、政策等因素，而且早期的研究缺乏有效的数据，分析结果真实性还有待提高。同时由于我国经济发展水平还处于相对较低阶段，整体的污染水平目前还持续上升，经济发展与环境污染之间真正表现出倒 U 形曲线特征的只有南方沿海地区的少数经济发达城市，对于整体及北方地区的研究还较少。本著在国内外研究的基础上，针对目前研究中存在的问题，以我国北方典型沿海城市——天津作为研究对象，在充分收集天津地区历年资料的基础上，选取多个环境要素作为研究要素，对天津地区的经济发展与环境质量关系进行系统分析，研究结论可以为天津地区的可持续发展提供理论依据。

6.1 预测模型构建方法分析

在经济起飞阶段，资源消耗速率超过资源再生速率，产生的废物在数量和毒性上都在增加。在经济发展的更高阶段，经济结构朝着信息密集型的工业和服务业方向迅速转变，加上人们环境意识的提高、环境管理的加强、技术的发展以及环保支出的增加，降低了环境退化的速度。当收入水平超过 EKC 的拐点，则可以认为是环境质量开始改善。这样的话，EKC 就描述了经济发展的自然过程，即从清洁的农业生产经济到污染型工业经济再到清洁的服务型经济。图 6-1 为 EKC 的示意图。

EKC 的计量模型在研究中占有重要的地位，用来检验环境污染水平/环境压力和收入水平的各种可能关系的简化模型为

$$y = \beta_0 + \beta_1 x + \beta_2 x^2 + \beta_2 x^3 + \varepsilon \qquad (6-1)$$

式中，y 表示环境因素；x 表示经济发展因素，一般用收入水平表示；ε 为常数项；β_k 为 k 解释变量的系数。根据该模型中 β_1、β_2 和 β_3 的符号变化，能够得出判断环境

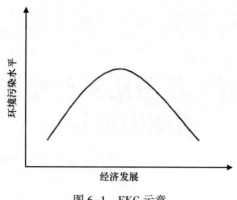

图 6-1 EKC 示意

质量与经济增长之间关系的几种趋势：①经济发展和环境质量没有相关关系；②经济发展和环境质量是单增关系或是线形关系；③经济发展和环境质量是单减关系；④经济发展和环境质量为倒 U 形关系，如 EKC；⑤经济发展和环境质量为正 U 形关系；⑥经济发展和环境质量为三次曲线关系，或者 N 形关系；⑦经济发展和环境质量为倒 N 形关系。

EKC 揭示了经济增长和环境污染的"两难"和"双赢"正负两种相关关系。经济增长初始阶段，工业化水平低，污染指数也比较低；随着工业发展加速，人均收入水平的逐步提高，污染指数随之增加，经济增长和环境的关系处于"两难"区间（曲线左半段）。在经济结构朝着信息密集型的工业和服务业方向转变，人均收入水平达到一定水平之后，污染指数开始下降，经济增长和环境的关系走向"双赢"（曲线右半段）。这时候人们环境意识的提高、环境管理的加强、制度的完善、技术的发展以及环保支出的增加，都是环境污染指数下降的原因之一。

6.1.1 "两难"区间

在"两难"区间中，人们在一定时期内不得不以牺牲环境质量为代价来换取经济利益。"两难"区间即 EKC 的左半段，如图 6-2 所示。

1. MN 段

在 MT 段内，曲线斜率大于零，经济增长和环境污染呈正相关关系，即随着经济增长环境污染会加重。若存在一点 N，使得该处的斜率为 1，则 MN 段的斜率大于 1，而 NT 段内的斜率小于 1。MN 段的斜率大于 1 表明经济发展完全依赖于环境的支撑。在 MN 段前段大部分区间内，环境恶化速率虽然大于经济增长速率，但是还没有超过一定污染水平，环境问题还不是社会发展的主要问题；而在 MN 段后段部分，环境污染水平已经超出了环境所容许的水平，出现了严重的环境问题继而成为了主

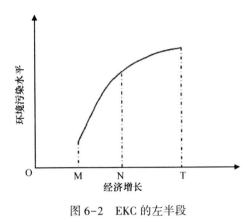

图 6-2　EKC 的左半段

要矛盾，开始解决环境污染问题。

2. NT 段

NT 段的斜率小于 1 并且逐步变小，说明环境污染的增量小于经济发展的增量，环境恶化的速率在变小。虽然采取了严格的污染物排放标准，取得了一定的环境治理效果，但是环境质量恶化的趋势还没有改变。

在"两难"区间，发展模式或者经济增长方式的不同，导致曲线的形状也是不同的。理想的曲线形状比较"平坦"，到达转折点的横轴也最短，即在人均国内生产总值（GDP）相对还不是很高的时候就越过了"两难"区间。在这种曲线情况下，经济增长过程中造成的环境损失最小，但这是很难达到的一种理想状态曲线。最不理想的情况是，在人均 GDP 很高的时候才达到转折点，这种粗放型的发展模式必然带来巨大的环境污染和损失。还有一种情况是强调环境保护的循环经济发展模式，工业化进程中实行清洁生产和注重环境保护，这种模式下能够在人均 GDP 相对较低的时候就可以实现经济增长和环境协调发展。

6.1.2　"双赢"区间

在"双赢"区间，意味着经济增长的同时环境质量也在逐渐改善。这时经济增长成为解决环境问题的一种手段而非产生环境问题的原因。"双赢"区间即 EKC 的右半段，如图 6-3 所示。

在"双赢"区间内，曲线的斜率小于 0，经济增长和环境污染呈负相关关系，经济发展会带来环境质量的不断改善，经济发展和环境的关系开始变得和谐。而当经济增长到一个很高的水平时，经济和环境之间就不存在明显的相关关系。"双赢"区间的曲线形状也有两种情况出现，即如图 6-3 所示的 L_1 和 L_2。这两种情况所不同在于，曲线 L_2 比 L_1 更能有效地利用环境的自净能力，从而减少环保投资。

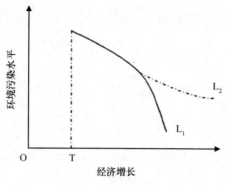

图 6-3　EKC 的右半段

可以看出，EKC 只是模型包含的几种关系之一。从以往的研究中可以得出，这种模型由于考虑因素较少，反映经济发展和环境质量关系的效果还不是很好，因此本著在以往研究模型的基础上，增加一项待估参数，用以描述经济发展对环境指标的影响，具体表示方法为

$$Y = a_1 + a_2 \cdot GDP + a_3 \cdot GDP^2 + a_4 \cdot GDP^3 + u_1 \qquad (6-2)$$

式中，Y 为环境污染指标；GDP 为人均国内生产总值；a_1、a_2、a_3、a_4 为待估计参数。根据待估参数的不同，能够得出环境耗资与经济增长之间的关系：① $a_2>0$，$a_3<0$ 且 $a_4=0$，则倒 U 形假说成立；② $a_2<0$，$a_3>0$ 且 $a_4=0$，则为 U 形曲线；③ $a_2<0$，$a_3=0$ 且 $a_4=0$，则随人均 GDP 的增加，环境恶化程度将直线下降；④ $a_2<0$，$a_3>0$ 且 $a_4<0$，则随人均 GDP 的增加，环境恶化程度将呈现倒 N 形；⑤ $a_2>0$，$a_3<0$，$a_4>0$，则环境恶化与经济增长呈 N 形变化。

6.2　预测模型指标分析

本著所涉及的环境概念是指在特定区域空间中直接或间接影响人类社会生存和发展的所有生物和非生物要素，通过特定的生态联系形成的有机统一整体。环境物品的特征概括起来主要有以下几个：

（1）在阈值范围内的相对稳定性。即环境各组成要素之间不停地进行物质、能量流动和信息交换，其中任何一个要素的变化都会影响到整体相应的生态关系，但相对于整体生态关系而言，任何生态环境要素的变化都存在一个上限，在这个范围内要素的变化都不会导致生态环境的退化或破坏，即环境阈值。但这种变化一旦超过阈值，生态环境将发生破坏性的巨大变化，甚至导致生态环境的毁灭。

（2）弥散性。由于构成生态环境的许多要素（如空气、水、生物物种等）具有弥散性，不具弥散性的要素（如岩石、土壤等）也会通过与其他要素之间的生态联系对整体生态关系产生影响。

（3）消费上的平等性。不论环境质量好坏与否，客观上生活在同一个区域中的任何人都平等地享受相同质量的环境物品。

（4）环境质量的可控性。经验表明，区域环境质量演化的轨迹主要取决于区域经济活动对环境的影响以及环境建设投资水平的高低与投资结构状况。因此环境投资是影响环境质量的重要方面，即环境质量具有可控性。

对比环境物品的特性可以发现，环境物品的阈值相对稳定性范围，对应准公共物品的可拥挤范围；弥散性及消费上的平等性，对应准公共物品消费上的非对抗性；而环境质量的可控性，对应准公共物品的排他性。因此，环境物品本质上属于准公共物品。

根据以往的研究，预测模型中经济增长指标主要采用区域 GDP 总量、人均 GDP、人均可支配收入等，使用人均 GDP 指标的优点是明显的，能够直接反映收入增长对环境的影响；缺点是它只是用来表征伴随收入增加的众多变化的一个尺度，不能清楚地表征出其增长是由内涵式增长还是由外延式增长引起的，加之环境质量改善的滞后性，更弱化了收入和环境质量变化之间关系的解释，限制了结果的解释力。

在本著中，考虑到海河干流地区人口较多，因此采用 GDP 总量来反映海河干流的经济发展情况，同时它能够比较准确地反映一个地区经济的整体水平，而且根据以往研究成果，采用 GDP 总量来表述经济增长水平的也较多。与人均 GDP 相比，GDP 总量更加能够反映出真实收入水平变化对环境质量的影响，而且收入水平变化影响环境质量的需求偏好效应主要体现在个人收入变化方面。

典型的环境指标选择是构建经济增长和环境污染关系计量模型的关键。根据经济增长和环境污染水平的实证研究可以看出，一般表现环境质量变化和污染水平的指标包括两类，分别为流量指标和存量指标。流量指标为包括工业废气、废水、固废及其他污染物排放量的一系列环境统计数据；存量指标则为包括某一区域的空气、水环境质量等中的污染物浓度。本著在指标选取时以流量指标作为分析标准，主要因为对于省市这类大尺度研究范围而言，用简单平均化的环境污染物浓度不能有效地代表这一大范围区域内的环境质量水平，相比存量指标而言，首先，流量指标（主要为污染物排放量）能够有效地反映出省域范围内的环境污染压力；其次，环境质量指标反映的是综合污染的结果，不仅包括工、农业污染，而且包括人口增加导致的污染；此外，基于生活消费活动产生的污染物，EKC 是失效的，因此选取流量指标进行分析具有较强的科学性和准确性。同时，流量指标数据较存量指标数据可获取性较大，在数据收集时相对简单，数据也较容易处理，因此本著选择流量指标进行分析统计。

本著在对海河干流区域进行研究时，主要考虑经济增长与主要工业污染物排放之间的关系，而农业产生的污染排放大部分为面源排放，数据无法统计，第三产业产生的污染相比工业来讲相差较大，因此主要选取工业污染物中的指标进行分析，并且考虑到数据的可获得性，选取的污染物指标为工业废水排放量、工业废气排放量和工业固体废物产生量三大类指标。

6.3 海河干流区域环境质量与经济发展预测模型构建

6.3.1 海河干流区域近年来环境质量状况分析

近 20 年来海河干流区域——天津市不断加快发展步伐，综合经济实力日益壮大，作为中国北方经济中心的地位进一步巩固提升，特别是随着 2006 年天津滨海新区开发开放纳入国家总体发展战略布局，以及一系列政策措施的出台，滨海新区新一轮开发开放的建设热潮加速启动，成为天津进入新的上升期的强大引擎。随之而来的是经济的快速增长和环境质量的逐渐下降，为保证经济与环境的和谐发展，有必要对天津的经济发展与环境质量关系开展研究，分析其内在联系，为制定经济发展规划和保护当地环境提供科学依据。

随着天津的快速发展，天津人口数量近年来也呈现出迅速增加的趋势。2009 年之前，全市常住人口达到 1 176 万人，户籍人口 968.87 万人，其中农业人口 380.6 万人，非农业人口 588.27 万人。全年人口出生率为 8.13‰，人口死亡率为 5.94‰，人口自然增长率为 2.19‰。

改革开放以来，天津市经济发展迅速。1978—2008 年间，人均 GDP 增长了 49 倍，特别是 2000 年以来，发展速度明显加快，如图 6-4 所示。产业结构也发生了较大的转变，第二产业和第三产业产值明显增加，特别是工业的发展速度较为明显，到 2008 年，天津市工业产值已达到 3 533.86 亿元。但经济快速发展和产业结构的转变也带来了严重的环境污染，2008 年，天津市废水排放量达到 $6.071\ 5\times10^8$ t，废气中二氧化碳（SO_2）排放量达到 2.401×10^5 t，工业粉尘排放量达到 7 439 t，工业固体废物产生量达到 1.479×10^7 t，环境问题日益严峻。

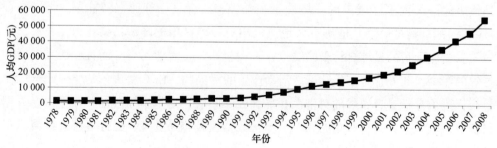

图 6-4　天津市人均 GDP 变化趋势

通过资料收集，对海河干流地区 1985—2017 年的污染物排放数据进行总结，和其他研究相比，本著收集的数据年份较长，这不仅能够更准确地体现天津地区污染物的排放特点，同时能够提高模型拟合的准确程度，确保预测结果的科学性和应用性。

以《天津市统计年鉴》为主要数据来源收集了环境污染和反映天津市经济发展的各因子的原始数据，整理如表 6-1 所示。

表 6-1　天津市经济发展与工业废水排放量指标变化

年份	GDP（亿元）	工业废水排放量（×10⁴ t）
1985	175.71	27 716
1986	194.67	26 387
1987	220.00	24 752
1988	259.64	24 630
1989	283.34	23 947
1990	310.95	22 865
1991	342.75	21 290
1992	411.24	21 652
1993	536.10	21 988
1994	732.89	21 988
1995	931.97	21 897
1996	1 121.93	20 446
1997	1 264.63	20 188
1998	1 374.6	20 046
1999	1 500.95	15 221
2000	1 701.88	17 604
2001	1 919	21 250
2002	2 150	21 959
2003	2 578	21 605
2004	3 110	22 628
2005	3 905	30 081
2006	4 462	22 978
2007	5 252	21 444
2008	6 719	20 443
2009	7 521	23 774
2010	9 224	23 197
2011	11 307	27 589
2012	12 893	32 085

续表

年份	GDP（亿元）	工业废水排放量（×10⁴ t）
2013	14 442	26 871
2014	15 726	20 697
2015	16 538	18 973
2016	17 885	18 022
2017	18 549	18 106

从以上图表可以看出，海河干流区域在以往的 20 多年中，经济得到了快速发展，GDP 总量由 1985 年的 175.71 亿元增加到了 2017 年的 18 549 亿元。在污染物排放方面，工业废水的排放在 1985—2008 年呈现出逐渐降低的趋势，这与天津地区不断采用新生产工艺，注重废水污染控制密切相关。

6.3.2　海河干流区域环境问题特征分析

目前，海河干流区域正处于从传统向现代加速转型的历史时期。根据之前的分析可以看出，在社会发展的这一特定阶段，作为社会问题之一的环境问题也具有鲜明的社会特征。

首先，最为显著的是随着社会转型的加速进行，环境问题日趋严重。1995 年和 1996 年连续两年的《中国环境状况公报》都指出：总体上讲，我国"以城市为中心的环境污染仍在发展，并向农村蔓延；生态破坏的范围仍在扩大"。1997 年的《中国环境状况公报》继续指出，"部分地区环境质量有所改善""部分地区生态环境继续恶化"。从数量的角度看，我国环境也呈恶化趋势。天津地区近年来随着港口业及围填海的大规模发展，第二、第三产业的比例逐渐增加，工业发展较为迅速，各产业年产值变化如图 6-5 所示。随着工业和港口业的发展，天津市的环境问题也日益显著，无论是环境污染还是生态破坏，都有继续恶化的趋势，而且这种趋势还将持续相当长一段时间。

其次，环境问题越来越表现为人与人之间的矛盾。当今环境问题不仅反映了人与自然关系的失调，而且越来越反映出人与人之间关系的失调。从某种意义上说，人与人之间关系的失调已成为环境问题日益加剧的重要原因。在社会转型的加速期，中国奉行对外开放政策。从国际上看，对于一个相对贫穷落后的发展中国家而言，在一个开放的国际社会中，它容易成为发达国家转移污染的场所。从天津市来看，污染问题从城市向农村蔓延，这反映出城乡居民关系的失调。其他如大江大河以及湖泊环境的破坏，在很大程度上也都是由于人与人之间、地区与地区之间的利益冲突，这种利益冲突使得大家难以采取一致的行动来保护环境。因此，所谓环境问题，

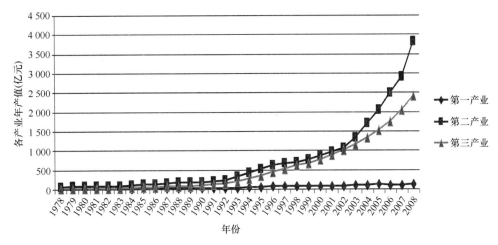

图 6-5　天津市各产业年产值变化趋势

实际上已经成为真正的社会问题。

此外，随着居民生活水平的提高，生活污染在环境问题中的分量在加重。与此同时，城市环境问题受到高度重视，并在局部有所缓解，但是农村环境问题失控，呈日益蔓延加重的趋势。由此，环境问题与贫困问题又形成恶性循环的趋势，公众环境意识水平低下，环境问题与其他社会问题交叉、重叠，解决的难度日益加大。

6.3.3　海河干流区域经济发展与环境质量模型构建

在分析天津市经济增长与环境的关系时，本著的思路是首先假定天津的经济发展与环境质量变化存在着 EKC，然后构建模型进行分析，以此分析经济增长对环境的影响形式。借助于计算机软件系统，利用 EKC 理论所提出的数理模型和 1985—2008 年环境统计资料的数据，以 GDP 为自变量 x，分别以上述选取的典型环境指标为因变量 y，以下述模型进行曲线回归模拟

$$Y = a_1 + a_2 \cdot \text{GDP} + a_1 \cdot \text{GDP}^2 + a_4 \cdot \text{GDP}^3 + u_1 \qquad (6-3)$$

式中，Y 为环境污染指标；Y_1 为工业废水排放量；Y_2 为工业废气排放量；Y_3 为工业固体废物排放量；GDP 为天津市生产总值；a_1、a_2、a_3、a_4 为待估参数。如果 $a_2>0$，$a_3<0$ 且 $a_4=0$，则倒 U 形假说成立；如果 $a_2<0$，$a_3>0$，且 $a_4=0$，则为 U 形曲线；如果 $a_2<0$，$a_3=0$ 且 $a_4=0$，则随着 GDP 的增加，环境恶化程度呈直线下降；如果 $a_2<0$，$a_3>0$，且 $a_4<0$，则随着 GDP 的增加，环境恶化程度将呈现倒 N 形；如果 $a_2>0$，$a_3<0$，$a_4>0$，则环境恶化呈 N 形变化，关系较为明显。

选取工业废水排放量、工业废气排放量、工业固体废物排放量三个指标作为环境恶化指标，主要因为它们是我国衡量环境恶化的重要指标，而且数据相对容易收

集。在进行模型估计时，采用的是时间序列数据。数据范围为 1985—2017 年，时间序列较长，保证了模型的准确性。

海河干流区域经济发展与环境质量变化关系模拟结果如表 6-2、图 6-6 至图 6-8 所示。

表 6-2 海河干流区域经济增长与环境污染水平计量模型模拟结果

污染指标	模型系数				相关系数	转折点（a）	
	三次项	二次项	一次项	常数项			
废水排放量	-3.9×10^{-7}	0.04	-9.047	26 309.223	0.728	2000	2008
废气排放量	-7.1×10^{-8}	0.001	-0.43	1 518.809	0.918	1993	2008
固废排放量	-1.1×10^{-8}	0	-0.103	442.543	0.961	1994	2008

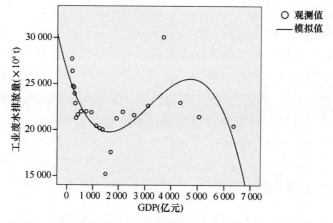

图 6-6 海河干流区域工业废水排放量与经济发展变化趋势

海河干流区域工业废水排放量与经济发展变化趋势模型为

$$Y = 26\ 309.223 - 9.047x + 0.04x^2 - 3.9 \times 10^{-7}x^3 \qquad (6-4)$$

海河干流区域工业废气排放量与经济发展变化趋势模型为

$$Y = 1\ 518.809 - 0.43x + 0.001x^2 - 7.1 \times 10^{-8}x^3 \qquad (6-5)$$

海河干流区域固体废弃物排放量与经济发展变化趋势模型为

$$Y = 442.543 - 0.103x - 1.1 \times 10^{-8}x^3 \qquad (6-6)$$

通过以上分析可以看出，海河干流区域经济高速增长时期的环境变迁不同于发达国家和新兴工业化国家的特征，其经济增长与工业环境指标之间表现为不明显的曲线倒 U 形。环境的变迁在每一个发展阶段上，都受制于当时的现实条件，这种经济发展的阶段是与该地区的政治、经济、文化、生活方式密切相关的，即环境的阶段性变化是各种社会制度构成的制度体系作用的结果。优良的制度会使环境和经济

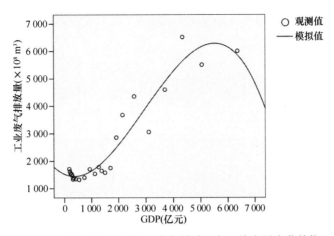

图 6-7　海河干流区域工业废气排放量与经济发展变化趋势

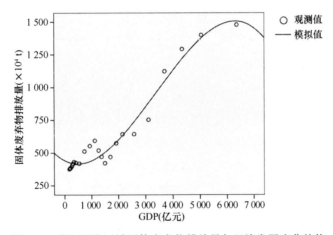

图 6-8　海河干流区域固体废弃物排放量与经济发展变化趋势

协调并进发展，使之相互和谐促进，反之亦然，正是由于制度的约束，使海河干流区域的环境质量演进显示出其特殊的形状。然而实际上，曲线所反映的只是经济增长与环境指标之间的多种可能关系的一种，而且两者之间的关系比模型描述的要复杂得多，它只是根据经验对两者关系的一种简单描述。行为与偏好的变化、制度变迁、技术与组织变化、结果变化等均可能是重要的影响因素，而且样本范围、采用模型等的差异都可能产生不同的结果。

　　目前，海河干流区域的经济增长方式还不是一条环境与经济协调发展的道路，呈现出的是增长与污染并存的局面。海河干流区域今后的环境变迁在很大程度上取决于政策取向，如果真正实施可持续发展战略，目前的环境污染会随经济增长不断减轻，如果生态环境建设的措施不力，不重现环保投资力度以及公众的环境保护意识，极有可能再创环境污染的高峰。因此，海河干流区域经济增长应快速实现从传

统的线性经济发展模式向循环经济发展模式的转变，只有这样才能使海河干流区域
的环境曲线拐点在环境阈值之下出现。

6.4 数量模型的主要因素影响分析

6.4.1 经济结构影响

由对天津市经济发展过程中的经济结构变化分析可知，第一产业总体下降趋势
明显，第二产业先下降后小幅稳步上升，第三产业呈上升趋势。由于工业强市战略
的实施，可以预见第二产业比例将会快速上升，而第一产业比例会继续下降；快速
的工业化可能造成生产结构的不稳定，从而使污染物排放也呈现不稳定变化趋势。
由于天津市经济的高速增长在很大程度上还依赖于高速增长的物质投入和物质消耗，
基本上处于一种粗放的发展状态，该发展模式造成结构污染比较突出，造成的环境
的压力也越来越大。

6.4.2 环境政策影响

大多数的 EKC 研究都表明，国家及地方环境政策对收入水平和环境恶化关系有
着非常重要的影响。强有力的环境政策可以减少污染物的排放和减小环境压力，并
使得 EKC 形状更加接近于"平坦"形的曲线。天津市通过实施一系列环境保护政
策，水污染防治取得较大的成绩。根据数据分析可以看出，2008 年以前天津市的废
水排放量一直下降，工业废气污染物和工业固废防治方面还需加强。在 2010 年之
后，随着经济的发展和产业结构的不断调整，工业迅速发展，各类环境污染物的产
生量也逐渐增多，但是如果采取适当的政策措施，经济发展和环境改善能够实现协
调一致；重要条件是，只有收入增加时才能实施有效的环境保护政策。环境政策一
定程度上能够防止环境问题出现或把其消灭在萌芽之中，花费可以更少些，这也是
环保工作的努力方向。在研究的主要污染物排放量中，有部分数据出现的波动比较
大，可能和当时出台的部分环境政策有一定关系。这些数据的变化也可能是一些污
染物指标没有呈现 EKC 的原因之一。

6.4.3 技术效应影响

技术进步会使能源和材料的利用更加高效，当收入增加时，人们会采用有利于
环境的高效技术。技术进步效应对减轻环境压力的重要性是不言而喻的，经济增长
过程中环境改善不是自动发生的，是生产技术的升级和环保技术的进步等技术效应
直接作用下的结果。在天津市经济增长和污染物排放关系中，技术效应同样有所反

映。随着政府对环境保护的重视以及公众环保意识的提高，企业的环保压力不断增加，在工业中要重新考虑他们的产品生产过程，把产品带来的环境影响考虑进去，污染物排放也会随之减少。清洁生产的逐步开展也离不开技术进步的支撑，这样原有企业对环境产生的污染压力会慢慢变小。对模型所表述的经济增长和环境污染关系的影响因素还有很多，如国际贸易、市场机制等，但目前还不是主要因素。由模拟曲线可以看出，主要的污染物排放量随着新一轮经济发展呈现出上升趋势，而之前观察到的污染物排放下降也有可能是暂时的，结果可能呈 N 形或者倒 N 形曲线；回升的 EKC 部分也可以解释为，随着生产的持续增长，要保持同样的改进（创新）效率是很困难的。EKC 是一种长期发展关系，这也反映出其并不一定是一成不变的。

第7章　海河干流污染负荷研究

7.1　天津市水功能区概况

7.1.1　概述

水功能区是指为满足水资源合理开发和有效保护的需求，根据水资源的自然条件、功能要求、开发利用现状，按照流域综合规划、水资源保护规划和经济社会发展要求，在相应水域按其主导功能划定并执行相应质量标准的特定区域。

水体对人类具有多种使用功能，不同的使用功能又对水资源的数量和质量提出了不同的要求。因此，应当按水体使用功能的要求来合理配置水资源，改善水资源质量，防治水体污染，使有限的水资源发挥最大的效益，指导水资源的开发利用和保护。

水功能区划分为一级水功能区和二级水功能区。一级水功能区分为保护区、缓冲区、开发利用区和保留区四种类型。二级水功能区在一级水功能区划定的开发利用区中划分，分为饮用水源区、工业用水区、农业用水区、渔业用水区、景观娱乐用水区、过渡区和排污控制区七种类型。

7.1.2　水功能的区划原则

(1) 可持续发展原则。水功能区划是根据水资源的可再生能力、水环境与自然环境的承载力，在合理开发利用水资源，保护当代和后代赖以生存的水环境，保护人体健康及生态环境的结构和功能的基础上，保障和促进流域、天津市社会、经济、环境的可持续发展。

(2) 统筹兼顾，突出重点的原则。在划定水功能区时，将流域作为一个大系统，充分考虑水域上下游、左右岸，以及社会经济近远期发展目标对水域的使用要求，统筹兼顾，达到水资源的开发利用与保护并重。城市饮用水源地的供水安全是区划的重点，在划定水功能区的范围和类型时，必须优先予以保护。

(3) 前瞻性原则。水功能区划要体现社会经济发展的超前意识，结合现有和未来的外调水源（南水北调）及未来社会经济发展需要，引入本领域和相关领域研究的最新成果，要为将来天津社会、经济发展留有余地。

（4）实用可行、便于管理的原则。水功能区的分区界限尽可能与行政区界一致，以便管理。区划是水资源各类规划的基础，区划方案的确定既要反映实际需要，又要考虑技术经济发展，切实可行。

（5）水量水质并重、注重水质原则。在进行水功能区划时，既要考虑开发利用对水量的需求，又要考虑对水质的要求。

（6）不得降低现状使用功能的原则。更改的水功能区划，不能降低同一区域在原来功能区划基础上的水环境质量，促进水环境质量的不断改善。

7.1.3　天津水环境功能区的划分

天津水环境功能区划范围包括海河流域在天津市境内的 35 条主要河流（段）、3 座大型水库及中心市区的 9 条二级景观河道。

1. 天津市的一级水功能区划

根据天津市的实际情况，海河流域在天津市境内共划分了 73 个一级分区。其中，保护区 4 个，开发利用区 47 个，缓冲区 22 个，无保留区。在进行一级区划时，突出了优先保护饮用水源地的原则，将最重要的地表水供水水源地划为保护区；将跨省界河流、省界河段之间的衔接河段划为缓冲区；其余大部分市境内的河段、水域均划为开发利用区。一级水功能区划在天津市境内各水系的分布情况如下。

（1）海河干流水系（含引滦）。①保护区：引滦入津明渠（九王庄至大张庄）划为保护区。②开发利用区：海河干流水系在天津市境内共划分 18 个开发利用区。③缓冲区：海河干流水系在天津市境内无缓冲区。

（2）北三河水系。①保护区：天津市境内的于桥水库和黎河（隧洞出口至于桥水库）作为饮用水源地，划为保护区。②开发利用区：北三河水系在天津市境内的河段共划分有 13 个开发利用区。③缓冲区：北三河水系与天津市有关的缓冲区有 14 个，分别是引沟入潮（津冀省界至黄家集大桥）、潮白新河（牛牧屯至朱刘庄闸）、凤河（凤河营至利尚屯闸）、（新）龙河（安定至永定河）、北运河（牛牧屯至土门楼）、青龙湾减河（土门楼至大口屯）、鲍丘河（津冀省界至罗屯闸）、淋河（龙门口至于桥水库）、沙河（水平口至果河桥）、洵河（茅山至黄崖关）、洵河（三河至辛撞）、还乡河（窝洛沽至丰北闸）、蓟运河（新安镇至江洼口）和北京排污河（马头至里老闸）。

（3）永定河水系。①保护区：永定河水系在天津市境内无保护区。②开发利用区：永定河水系在天津市境内的河段共划分 3 个开发利用区。③缓冲区：永定河水系与天津市有关的缓冲区有 1 个——永定河（辛庄至东州大桥）。

（4）大清河水系。①保护区：大清河水系在天津市境内无保护区。②开发利用区：大清河水系在天津市境内的河段、水库共划分有 7 个开发利用区。③缓冲区：大清河水系与天津市有关的缓冲区有 3 个，分别是中亭河（胜芳至大柳滩）、大清河（左各庄至台头）和青静黄排水渠（青县至大庄子）。

（5）子牙河水系。①保护区：子牙河水系在天津市境内无保护区。②开发利用区：子牙河水系在天津市境内的河段都划为开发利用区，共划分有 2 个。③缓冲区：子牙河水系与天津市有关的缓冲区共有 2 个，分别是子牙河（南赵扶至东子牙）和子牙新河（周官屯—太平村）。

（6）漳卫南运河水系。①保护区：南运河（四女寺至九宣闸）作为南水北调输水河段划为保护区。②开发利用区：漳卫南运河水系在天津市境内的河段共划分有 2 个开发利用区。③缓冲区：漳卫南运河水系在天津市境内无缓冲区。

（7）黑龙港运东水系。①保护区：黑龙港运东水系在天津市境内无保护区。②开发利用区：黑龙港运东水系在天津市境内的河段共划分有 2 个开发利用区。③缓冲区：黑龙港运东水系与天津市有关的缓冲区有 2 个，分别是沧浪渠 [小孙庄（东）至窦庄子（西）] 和北排水河 [齐家务（东）至翟庄子（西）]。

2. 天津市的二级水功能区划

海河流域二级水功能区划是在流域一级水功能区划的开发利用区中进行划分的，结合天津市境内的相关河道，在 47 个开发利用区内共划分出 76 个二级区划功能区段。其中，饮用水源区 12 个，工业用水区 12 个，农业用水区 35 个，景观娱乐用水区 13 个，渔业用水区 1 个，过渡区 1 个，排污控制区 2 个。二级水功能区划在天津市境内各水系的分布情况为：

（1）海河干流水系（含引滦）天津辖区内的河段共 18 个开发利用区，共划分为 26 个功能区段。其中饮用水源区为 5 个、工业用水区为 3 个、农业用水区为 2 个、景观娱乐用水区 13 个、过渡区 1 个、排污控制区 2 个。

（2）北三河水系天津辖区内的河段共 13 个开发利用区，共划分为 21 个功能区段。其中饮用水源区为 1 个、工业用水区为 5 个、农业用水区为 14 个、渔业用水区为 1 个。

（3）永定河水系天津辖区内的河段共 3 个开发利用区，共划分为 5 个功能区段。其中工业用水区 1 个、农业用水区 4 个。

（4）大清河水系天津辖区内的河段共 6 个开发利用区，共划分为 13 个功能区段。其中饮用水源区 3 个、工业用水区 2 个、农业用水区 8 个。

（5）子牙河水系天津辖区内的河段共 2 个开发利用区，共划分为 4 个功能区段。其中饮用水源区 1 个、农业用水区 3 个。

（6）漳卫南运河水系天津辖区内的河段共 2 个开发利用区，共划分为 5 个功能区段。其中饮用水源区 2 个、工业用水区 1 个、农业用水区 2 个。

（7）黑龙港运东水系天津辖区内的河段共 2 个开发利用区，共划分为 2 个功能区段，均为农业用水区。

从天津市水环境功能区划可以看出，海河干流作为天津的主要河流之一，其开发利用程度相对较大，在一级水环境功能区中，海河干流的开发利用区最多，达到了 18 个，远多于其他河流；在二级水环境功能区中，海河干流的利用程度也较为复杂，在各种功能区中，仅不包括渔业用水区，其他的功能区在海河干流中都有所利用，同时在数量上也较多，工业用水区为 3 个，排污控制区有 2 个，这些都说明海河干流的污染负荷程度相对较高。而且在这种高污染负荷下海河干流的景观用水功能也相对较大，作为天津市的重要水体景观，其景观用水区数量达到了 13 个，是天津市唯一包括景观用水区的主要河流，作为承担高污染负荷和景观用水的功能，其治理难度最大，治理的重要性也最强，因此对其进行分析是保证天津市环境质量的一个重要方向。

7.2　海河干流纳污能力分析

7.2.1　纳污能力核定原则

（1）保护区和保留区纳污能力。保护区和保留区的水质目标原则上是维持现状水质，其纳污能力则采用其现状污染物入河量。对于需要改善水质的保护区和保留区，需提出污染物入河量及污染物排放量的削减量，其纳污能力需要通过计算求得，具体方法按开发利用区纳污能力计算方法计算。

（2）缓冲区纳污能力。分两种情况处理：对于水质较好，用水矛盾不突出的缓冲区，可采用其现状污染物入河量为纳污能力；水质较差或存在用水水质矛盾的缓冲区，需提出污染物入河量及污染物排放量的削减量，其纳污能力按开发利用区纳污能力计算方法计算。

（3）开发利用区纳污能力。需根据各二级水功能区的水文设计条件、水质目标和模型参数，按水量水质模型进行计算。

7.2.2　纳污能力计算水质模型

水质模型是描述河流水体中污染物变化的数学表达式，模型的建立可以为河流中污染物排放与河流水质提供定量关系。水质模型建立的基础是物质守恒定律和化学反应动力学原理。

$$dC/dt = -kC \tag{7-1}$$

对于流量和流速较小、水流极缓的河道用零维水质模型模拟；对于水体流动明显的河道用一维水质模型模拟；对干支流交汇和污染物旁侧汇入用稀释模型。

（1）零维水质模型。对于停留时间很长，水质基本处于稳定状态的河段、湖泊，可以将其作为一个均匀混合的水体进行分析，在式（7-1）引进污染物输入 QC_0、输出 QC 项可得零维模型，并求得其稳态解析解为

$$C = C_0/(Tk + 1) \tag{7-2}$$

式中，C 为出流污染物浓度（mg/L）；C_0 为入流加权平均浓度（mg/L）；$T = V/Q = L/u$ 为水体滞留时间（d），其中 V、L 分别为水体体积（m³）和河段长（km），Q、u 分别为计算流量（m³/d）和流速（km/d）；k 为污染物综合降解系数（1/d）。

（2）一维水质模型。在流动的河道中，污染物浓度沿程是变化的，对式（7-2）引用 $dt = dx/u$ 并求得其一维水质模型稳态解析解为

$$C = C_0\exp(-kx/u) \tag{7-3}$$

式中，x 为与起始断面间的距离（km）；u 为设计条件下河段平均流速（km/d）；C_0 为起始断面污染物浓度（mg/L）；其他符号意义同前。

（3）稀释混合模型。对于干支流交汇、旁侧排污用稀释混合模型描述混合水质状况，该模型的数学表达式为

$$C = (QC_0 + C_wQ_w)/(Q + Q_w) \tag{7-4}$$

式中，Q、C_0 分别为混合前干流流量（m³/s）和污染物浓度（mg/L）；Q_w、C_w 分别为侧流汇入的流量（m³/s）和污染物浓度（mg/L）；C 为混合后的污染物浓度（mg/L）。

7.2.3　模型参数确定

1. 污染物综合降解系数

污染物综合降解系数（k）是反映污染物沿程变化的综合系数，它体现污染物自身的变化，也体现了环境对污染物的影响。它是计算水体纳污能力的一项重要参数，对于不同的污染物、不同的环境条件，其值是不同的。该系数常用自然条件下的实测资料率定，率定方法常用二断面法和多断面法。

根据海河干流流域的实际情况，采用二断面法来率定 k 值，化学需氧量（COD）的 k 值取值范围为 0.08~0.4（1/d），平均为 0.17（1/d）；氨氮（NH₃-N）的 k 值取值范围在 0.05~0.37（1/d），平均为 0.15（1/d）。

2. 设计流量

设计流量的大小对纳污能力的计算结果影响很大，流量资料系列太短，无法反

映水文规律，资料太长，无法反映人类活动对水资源造成的影响，特别是对枯水期小流量的影响。为了反映水文年际周期变化和其中长期发展趋势，流量资料系列视海河流域的资料情况取 20~30 年枯水期（10 月至翌年 5 月）月平均流量值。

在水文实测资料较丰富的河段，选取 75% 保证率枯水期平均流量作为设计流量；在本水功能区河段内无水文资料时，可根据相邻上下游有水文资料的水功能区用内插法确定设计流量；在资料较少、上下游水功能区均无系列水文资料时，选取平偏枯典型年的枯水期平均流量作为设计流量；在上下游均无水文资料的河段，利用产流面积与水系或水文站控制产流面积的比例确定枯水期设计流量。对湖（库）则用上述对应条件确定计算水位和计算库容。

在海河流域计算纳污能力的功能区中，计算流量在 0.1 m³/s 以下的功能区段数占 37.5%；计算流量在 0.1~0.5 m³/s 之间的功能区段数占 26.7%；计算流量在 0.5~1.0 m³/s 之间的功能区段数占 6%；计算流量在 1.0~5.0 m³/s 之间的功能区段数占 20%；计算流量超过 5.0 m³/s 的功能区段数占 9.5%。由此反映出海河流域河道径流小，水体纳污能力也小。

3. 河段平均流速

对有实测流量流速资料的断面，可利用以下经验公式计算该断面的设计流速

$$u = \alpha Q \beta \qquad (7-5)$$

式中，u 为河段平均流速（m/s）；Q 为计算流量（m³/s）；α、β 为经验系数，由实测资料回归得到。对没有实测流速资料的河段，借用特征相近的其他河道流量流速关系分析确定。

7.2.4　计算方法

海河干流流域的纳污能力计算采用一维水质模型及零维水质模型。根据海河干流流域水污染及经济发展的特点，确定限制排污总量指标为 COD，计算方法如下：

（1）分析功能区计算流量 Q。由前面所述的方法确定各水文断面的设计流量和流速，在此基础上确定各功能区段的计算流量和流速。

（2）进行污染源概化。对一个纳污能力计算区段而言，其入河排污口分布千差万别，为简化因排污口分布所带来纳污能力计算的复杂性，将排污口在功能区上的分布加以概化。根据海河流域的具体情况，在纳污能力计算时将排污口概化为功能区中断面排污，据此排污分布推算河段的纳污能力。

（3）纳污能力计算。根据水质模型和污染概化结果计算纳污能力，纳污能力计算公式表述如下：

$$M = 31.536 \left[C_s (Q_0 + Q_W) \exp(kx/2 \times 86.4 \times u) - C_0 Q_0 \exp(-kx/2 \times 86.4 \times u) \right]$$

$$(7-6)$$

式中，M 为功能区纳污能力（t/a）；Q_0 为功能区设计流量（m³/s）；Q_w 为功能区入河污水流量（m³/s）；C_S 为本功能区水质目标值（mg/L）；C_0 为初始浓度值，取上一个功能区的水质目标值（mg/L）；k 为污染物综合自净系数（1/d）；x 为纵向距离（km）；u 为设计流量下的平均流速（m/s）。

当设计流量为 0 时，纳污能力计算公式为

$$M = 31.536 \left[C_S Q_w \exp(kx/2 \times 86.4 \times u) \right] \qquad (7-7)$$

平原河流设计流量为 0 是常见现象，在应用式（7-7）计算纳污能力时，由于流速很小，k 值的选取至关重要。为安全起见，可按考虑入河排污口达标（功能区水质标准）排放计算纳污能力。

（4）分析功能区污染物控制量。依据功能区类型和目标、纳污能力计算结果及入河排污量确定该区域的限制排污总量。

7.2.5 海河干流纳污能力计算结果

根据对海河干流水质的分析，将 COD 和氨氮作为主要分析对象，根据设计条件计算，依据各水功能区的纳污能力分析结果，按照省级行政区进行纳污能力值统计，海河干流区域的 COD 和 NH_3-N 计算结果如表 7-1 所示。

表 7-1　海河干流纳污能力计算结果

区域	入河量			纳污能力	
	污水量 （×10⁸ m³/a）	COD （×10⁴ t/a）	NH_3-N （×10⁴ t/a）	COD （×10⁴ t/a）	NH_3-N （×10⁴ t/a）
天津	1.53	16.54	0.78	2.82	0.16

7.3　海河干流污染限排总量分析

7.3.1　限排总量确定原则

海河干流区域限制排污总量的确定原则是改善保护区、保留区和饮用水源区水质，充分利用水体纳污能力确定其他类型功能区的限制排污总量。各类功能区限制排污总量具体确定原则如下。

（1）本着维持并逐步改善保护区、保留区水质的原则，限制排污总量，取纳污能力与现状污染物入河量中的较小者。

（2）缓冲区是指为协调省际用水关系而划定的特殊水域。缓冲区的水质不得有恶化现象，考虑到海河流域的实际情况，缓冲区一般都在河流中下游，污染比较严

重，限制排污总量取纳污能力值。

（3）开发利用区是指具有满足工农业生产、城镇生活、渔业和娱乐等多种需水要求的水域。该区内的开发利用活动必须服从二级功能区划的分区要求，限制排污总量确定原则：①饮用水源区指满足县及县以上城镇、重要乡镇生活用水需要的水域。该水域内包括现有或规划中已确定设立的城市生活用水集中取水口。为保障城乡居民生活用水安全，应维持或逐步改善这类功能区的水质，限制排污总量取纳污能力与现状污染物入河量中的较小者。②其他二级功能区指满足工业或农业等生产用水需要而划定的水域。该水域的水质以能满足生产用水需要为原则，限制排污总量取纳污能力值。

在遵循上述原则的基础上，本著中提出还要结合经济发展与环境质量变化的关系制定限排总量，因为经济发展规模受环境资源的限制，合理的经济规模是解决环境与经济协调发展的关键。对于海河干流来说，是天津市经济发展的重要载体之一，其污染物的容纳能力在经济发展中能够发挥重要的作用。因此，在保护环境质量的同时，应根据经济的变化来制定污染物的限排总量。

7.3.2 海河干流污染限排总量确定

根据天津市经济发展与废水排放模型的分析可以看出，海河干流经济发展与工业废水污染呈倒 N 形变化趋势，由于数据和统计难度所限，本著只针对工业废水进行分析，得出海河干流 COD 限排总量为 2.82×10^4 t/a，NH_3-N 限排总量为 0.16×10^4 t/a。根据工业废水中 COD 及 NH_3-N 含量的估算分析，目前海河干流中的 COD 及 NH_3-N 含量已经超过其限排总量，需要对废水排放进行控制，减少 COD 及 NH_3-N 含量的入河量。

7.3.3 控制污染排放对策分析

在目前天津市整体经济的发展趋势下，在未来几年中，工业废水排放量还将呈现增长的趋势，同时在现状条件下，海河干流污染物已经超过其纳污能力，因此在保证经济发展的同时，需提出相应对策，控制污水排放，减轻海河干流污染，保障其景观用水及其他用水功能。

（1）继续强化政策导向作用，通过产业政策和治理行动积极调整产业结构。天津经济增长与废水污染物排放的数量关系表明，环境政策对控制污染物排放是一种比较有效的工具。另外，产业结构不同，地区污染物排放规律性差异比较大。目前，天津市正处于工业化快速发展时期，较难限制对资源、能源、环境压力较大的产业的发展，但应通过产业政策和治理行动提高产业集中度和技术水平，鼓励发展资源消耗低、附加值高的高新技术产业、服务业和用高新技术改造传统产业，以减少工业污染物排放，减小工业快速发展带来的环境压力，保证海河干流水质状况。

（2）抓住流域水污染治理和大气污染物控制这两个重点目标，减少工业污染物排放。通过海河流域整体水污染治理，进一步削减工业废水及其污染物排放量；逐步改善区域的大气环境质量。如实现这两个重点目标，则天津市可以以较低的人均收入水平较早地越过环境库兹涅茨曲线的转折点，进入良性发展的轨道，真正实现可持续发展。

（3）推进区域循环经济建设。由于天津市经济的高速增长在很大程度上还依赖高速增长的物质投入和物质消耗，粗放的发展状态和发展模式造成结构污染比较突出，产生和排放的污染物更多，大力推进循环经济建设尤为必要。利用循环经济模式改变自然资源随意开发、低层级利用和输出初级产品为主的产业构型，用清洁生产技术改造能耗高、污染重的传统行业，大力发展节能、降耗、减污的高新技术产业，以减少工业污染物排放量。应在天津市工业发达地区增加循环经济试点，发挥这些试点的示范作用，推动天津市循环经济整体水平的提高，减少污染物的排放，从水、气、固体废弃物等方面进行控制。

（4）根据区域差异规律，突出区域污染防治重点。天津市工业废水排放较多的地区应加强节水技术应用，继续提高工业水循环利用率，严格限制水耗大的企业，解决水资源短缺问题。同时还应严格控制污染物排放，加大天津市其他河流水污染的治理力度，全力推进清洁生产和资源循环利用，控制工业废气污染物排放量和固废产生量，继续保持良好的生态环境。

（5）保障必要的环保投入水平，加强地方环境管理。由于以往的工业污染治理历史欠账较多，天津市的环保投入水平在全国还是较低的，在工业化快速发展时期，环保投资占地区生产总值的比例急需扩大。加大环保投入的同时，还应加强地方环境管理。环境管理严格的地区可以有效控制污染排放水平上升和防止发达地区污染转移。

第8章 海河干流区域水环境承载力与管理对策研究

8.1 水环境承载力的相关理论分析

8.1.1 承载力的提出及其发展

早期的承载力研究与生态学的发展密切相关，Odum 在《生态学原理》中，将承载力概念与对数增长方程特别是其中的常数 k 相联系，赋予了承载力概念较精确的数学形式。20 世纪 60 年代以后，人口膨胀、资源短缺、环境污染、生态危机等全球性环境问题日益突出，人类学家和生物学家将承载力的概念发展并应用到人类生态学，用于描述区域系统对外部环境变化的最大承受能力。从此，承载力的概念和意义也发生了相应变化，开始与环境退化、生态破坏、人口增加、资源减少、经济发展等联系在一起，用于说明环境或生态系统承受发展和特定活动能力的限度，而承载力也成为探讨可持续发展问题不可回避的一个概念。日本学者中村将环境容量的概念引入到环境科学中，认为环境容量就是环境承载力概念的理论雏形，但环境容量只反映了环境消纳污染物一个功能，不能全面表述环境系统对人类活动的支持功能。

20 世纪 60 年代以后，随着世界各国经济的迅速发展，资源短缺与环境污染问题日益突出，在这种情况下，资源承载力的概念应运而生，人们充分认识了环境系统与人类社会经济活动的关系后，在承载力和环境容量概念的基础上，提出了环境承载力的概念。这一概念一经提出立刻受到了世界各国的普遍重视，并将这种概念应用到实际的环境管理和规划中。

8.1.2 水环境承载力的定义

水环境承载力是承载力概念与水环境领域的结合，目前学术界对其定义尚未达成普遍共识，未有公认的定义。分析目前国内外关于水环境承载力的定义，可归纳为三类。第一种表达方式单纯从水体的角度，不考虑作用于水体的人类行为，以水体的纳污能力作为水环境承载力。如原水利部长汪恕诚在水环境论坛中明确提出"一定的水域，其水体能够被继续使用并仍能保持良好生态系统时所能够容纳污水及污染物的最大能力"；左其亭等提出水环境承载力是我们通常所说的水环境容量，或者说是水环境（水体）的纳污能力，是水体维持生态系统良性循环所能承受的污水最大排放量。这种定义的特点是承载对象为污染物，指标体系容易表达，指标能够量化，便于和其他水体流域进行比较。第二种表达方式是在第一种的基础上加入了水体环境所能承载的人口规模和人口数量，如高占喜在《可持续发展理论探索》中对环境承载力的定义是，在一定生活水平和环境质量要求下，在不超出生态系统弹性限度条件下，环境子系统所能容纳的污染物数量，以及可支撑的人口规模与相应的人口数量。朱一中将水环境承载力定义为，某一区域在特定历史阶段的特定技术和社会经济发展水平条件下，以维持生态良性循环和社会可持续发展为前提，当地水环境可支撑的社会经济活动规模和具有一定生活水平的人口数量。这一定义的特点将水环境承载力具体到人口数量和污染物数量，把水环境对人类社会的"承载"内涵表述出来。第三种表达方式是在第二种的基础上加入了水体所能承载的经济规模。如刑有凯将水环境承载力定义为在一定的时期和水域内，在一定生活水平和环境质量要求下，以可持续发展为前提，在维护生态环境良性循环的基础上，水环境子系统所能容纳的各种污染物，以及可支撑的人口与相应社会经济发展规模的阈值。唐剑武将环境承载力定义为某一时刻环境系统所能承受的人类社会、经济活动的能力值。

综合学者们对水环境承载力定义的不同理解，贺瑞敏从广义和狭义两个角度对水环境承载力进行了定义：狭义的水环境承载力是指在一定的水域，其水环境能够被持续利用的条件下，通过自身调节净化并仍能够保持良好的生态环境的条件下所能容纳污水及污染物的最大量。狭义水环境承载力即水体纳污能力，也就是我们常说的水环境容量，它以量化形式直接表述了自然环境对水体污染物的耐受能力，在环境评价、布局规划、污染物总量控制中均得到了广泛的应用。其大小与水功能区范围的大小、水质目标、水环境要素的特性和水体净化能力、污染物的理化性质等有关。所能容纳污水及污染物最大量的计算是制定污染物排放总量控制方案的依据。广义的水环境承载力是指在一定的社会、经济与技术条件下，某一区域（流域）水系统功能的正常发挥和保持良好的状态时，所支撑的社会经济发展和人民生活需求的协调度。它在一定程度上反映一个区域（流域）的水资源的开发利用、水环境污染、生态环境保护、水资源在水质和水量等方面的可持续开发利用能力以及水环境系统对经济社会发展的支撑程度。因此，其研究指标不仅要有各种污染指标，还应有社会、经济方面的指标。广义水环境承载力除了应明确合理的污染物排放量外，还应明确与水环境系统相适应的社会、经济、环境、资源指标，从而服务于区域社会经济发展规划。

8.1.3　狭义水环境承载力与广义水环境承载力的关系

狭义水环境承载力与广义水环境承载力既有区别又有联系，首先，狭义水环境承载力是指水环境对于区域发展提供的污染物阈值，是对环境系统或功能本身承受外界因素的负荷而言的，本质上是对环境结构内部机制的外在表现，反映的是环境功能作用的"外部性"；广义水环境承载力是指水环境系统对区域社会经济发展支持度，是针对环境功能的对外作用而言的，本质上是环境结构内部机制的集中表现，反映的是环境功能作用的"内部性"。因此，它们表述的是环境系统功能作用这一事物的两个方面。其次，水环境系统对社会经济活动提供的支持，必须是建立在水环境所能承受的最大负荷，即水体纳污能力基础之上的。没有水体纳污能力和水环境质量，就谈不上水环境的承载能力。从这种意义上讲，广义的水环境承载力就是水环境容量的承载能力，水环境承载力也可以理解为区域水环境以最大的水体纳污能力支持区域社会经济发展的承载能力，因此水体纳污能力是广义水环境承载力的发生和研究的基础。二者区别表现在：

（1）研究的容载对象不同。水体纳污能力是指区域水环境系统对污染物的最大允许负荷量，表征其大小的指标是污染物的种类和数量；而广义水环境承载力是指区域水环境系统对人类社会经济活动的承载，其研究指标不仅要有各种污染指标，还应有社会、经济方面的指标，通常表征承载力大小的指标落实在社会、经济方面。

（2）服务对象不同。狭义水环境承载力为污染防治、污染物总量控制提供量化依据，可在污染物总量控制、规划布局等领域得以应用，并以此为区域环境规划提供选择方案和措施方面的建议；而广义水环境承载力除了提供合理的污染物排放量外，还要提供与水环境系统相适应的社会、经济指标，主要用于社会经济发展规划，对区域社会经济发展规模提供量化后的规划意见。

（3）表征要素不同。狭义水环境承载力是指区域水环境对污染物的最大允许负荷量，表征狭义水环境承载力大小的指标是区域社会经济活动排放的某一种污染物的种类和数量；而广义水环境承载力是在分析了区域社会-经济-环境系统后，选择众多指标组成指标体系，然后再分析区域水环境系统对每项指标支持度，指标体系中的指标除了包括区域排放的各种污染物外，还包括经济、社会等方面的指标。

8.1.4　水环境承载力的特点

水环境系统是一个包括水资源子系统、社会经济子系统及生态环境子系统的复合系统，三个子系统密不可分，相互影响，相互作用；同时水环境系统也是一个开放的系统，它与外界不断进行着物质、能量、信息的交换，同时其内部也始终存在着物质、能量的流动。

水环境承载力本质上体现了人类活动所应遵循的客观存在的自然规律，同时也随着社会生产方式、人类生活方式、人类资源观和价值观的变化而变化，因此水环境承载力具有客观性和主观性、相对极限性、动态性和可调控性等特点。

（1）客观性和主观性。客观性体现在一定时期、一定状态下的水环境承载力是客观存在的，是可以衡量和评价的，不但具有可利用水量和水环境容量方面的自然限度，而且有社会经济方面的限度，在一定的历史时期，水环境系统对社会经济发展总有一个客观存在的承载阈值。其主观性体现在人们用怎样的判断标准和量化方法去衡量它，也就是人们对水环境承载力的评价分析具有主观性。

（2）相对极限性。相对极限性是指在某一具体历史发展阶段，由于自然条件和社会因素的约束，水环境承载力具有最大承载上限，即可能的最大指标，在这个限度内，水环境承载力能够自我调节，若超过了这个限度，水环境的结构就会遭到破坏，承载力就会下降，有时候甚至造成不可恢复的损失，这种情况下，水环境将反过来制约人类社会生存与经济的发展。但水环境承载力不是任何时间、任何技术水平和任何管理水平下的绝对极限，而是一个有条件的、可能发生跳跃式变化的相对极限，受区域水环境条件、社会经济条件和生态环境条件的约束。

（3）动态性。动态性是指水环境承载力与具体的历史发展阶段有直接的关系，不同的发展阶段有不同的承载能力。主要是因为水环境系统和社会经济系统都是动态的，随着时间、空间和社会生产力水平的变化而变化。人类可以通过改变经济增长方式、提高技术水平等手段来提高水环境承载力，使其向有利于人类的方向发展。因此，水环境承载力是相对于一定时期、区域内一定的社会经济发展状况和水平而言的。

（4）可调控性。水环境承载力在很大程度上是可以由人类活动加以控制的，人类可以利用对水环境系统运动变化规律的掌握，根据自身的需要，对水环境进行有目的的改造，使水环境承载力朝向人类预定的目标变化。

8.2 水环境纳污能力的研究

狭义水环境承载力即通常所说的水体纳污能力或水环境容量，是在一定时期和某一确定的水域内，水体在满足用水功能的前提下所能容纳的各种污染物的阈值。它反映了污染物在环境中的迁移、转化和积存规律，同时也反映了水环境在满足特定功能条件下对污染物的承载能力。水环境纳污能力是水环境科学研究领域的一个基本理论问题，也是水环境管理的一个重要应用技术环节。水环境纳污能力研究的是污染物在水环境中的衰减能力，是水污染物总量控制的依据。

纳污能力是水体的客观评价指标，与河流、湖泊的自身特性密切相关，但也受到人类主观因素的影响，如水功能区的划分及水体实际使用功能。人类对水功能区划分越严格，对水体的质量要求越高，则水体的纳污能力越低。

8.2.1　纳污能力的影响因素

影响水域纳污能力的要素很多，概括起来主要有以下 4 个方面。

（1）水域特性。水域特性是确定水体纳污能力的基础，主要包括：几何特征（岸边形状、水底地形、水深或体积）；水文特征（流量、流速、降雨、径流等）；化学性质（pH，硬度等）；物理自净能力（挥发、扩散、稀释、沉降、吸附）；化学自净能力（氧化、水解等）；生物降解（光合作用、呼吸作用）。

（2）环境功能要求。水体对污染物的纳污能力是相对水体满足一定的用途和功能而言的，对水体环境的要求不同，水体中所允许的污染物浓度不同，水体纳污能力就不同。到目前为止，我国各类水域一般都划分了水环境功能区。不同的水环境功能区提出不同的水质功能要求。水质要求高的水域，水体纳污能力小；水质要求低的水域，水体纳污能力大。

（3）污染物质。不同污染物本身具有不同的物理化学特性和生物反应规律，导致不同类型的污染物对水生生物和人体健康的影响程度不同，不同污染物的自净能力也有所差异，因此，不同的污染物具有不同的纳污能力，但具有一定的相互联系和影响，提高某种污染物的纳污能力可能会降低另一种污染物的纳污能力。因此，对单因子计算出的纳污能力应作一定的综合影响分析，较好的方式是联系约束条件同时求解各类需要控制的污染物质的纳污能力。

（4）排污方式。水域的纳污能力与污染物的排放位置和排放方式有关。在其他条件相同的情况下，集中排放的纳污能力比分散排放的小，瞬时排放比连续排放的纳污能力小，岸边排放比河心排放的纳污能力小，因此，限定的排污方式是确定纳污能力的一个重要确定因素。

8.2.2　水体纳污能力的研究

水体纳污能力由 3 部分组成，即存储容量、输移容量和自净容量。存储容量是与时间无关的量，无再生能力。输移容量主要是指水流稀释扩散污染物质的能力，对于河流要慎重利用它，自净容量是指河流降解污染物的综合能力，它是可以不断再生的，值得重点开发利用。

水体纳污能力的计算模型很多，但其基本形式都是：纳污能力 = 稀释容量 + 自净容量 + 输移容量。稀释容量和输移容量反映水体的自然特征，都有公认的算法，自净容量反映污染物本身在水体中迁移转化的特性，其计算方法不一。

水体纳污能力的计算方法有解析法、试错法、系统最优化法等，其中以解析法应用最为广泛和普及。

1. 解析法

解析法是利用经过实测资料验证过的河流水质模型，预测河流水体中的污染物浓度，将预测值与水质目标进行比较，然后用水体纳污能力计算型确定允许的污染负荷上限值。目前，在水体纳污能力计算方法中完全混合系统解析计算模型应用较广泛，该法的优点是简便易行，物理概念明确，计算结果较为客观，易于操作；缺点是计算结果偏于保守。解析法基本模型及其变化式是应用最多的河流纳污能力计算方法，已应用于浙江省曹娥江、长春市主要河流、青岛市大沽河等河流纳污能力计算。

2. 试错法

试错法是以水质模型为基础，利用计算机进行求解，通过对污染物排放量的多次人工调试，使规定区域的水质达到一定的要求，这时所得的污染物排放量即为纳污能力。这种方法虽然在一些单一河流的计算中得到部分应用，但由于其自动化程度不高，花费人工时间较多，至今尚未得到推广使用。

试错法通过假设条件进行纳污能力的计算：假设在河流的第一个河段上游断面投入大量污染物，使该处水质达到水质标准的上限，则投入的污染物量即为这一河段的纳污能力；由于河水的流动和降解作用，当污染物流到下一个控制断面时，污染物浓度已有所降低，这时我们又可以向水中投入一定的污染物而不超过水质标准，这部分污染物的量可认为是第二个河段的纳污能力；依此类推，最后各河段容量求和即为总的水体纳污能力。

3. 系统最优化法

系统最优化法是运用运筹学和系统分析法计算河流纳污能力。可将系统允许排放量作为目标函数建立优化模型，通过线性规划、非线性规划、动态规划等分析方法，求得系统的水体纳污能力。

一般来说，复杂的模型可以较全面地反映客观实际，但确定参数所需要的信息量将大大增加。另外，不同河流水质的主要影响因素一般是不相同的，不能理解为模型的变量和参数越多越好，应当从模型的复杂程度、实际的需要和目前所能获得的信息等几个方面来综合考虑，做出对模型适当的选择。

不管哪种纳污能力计算方法都离不开水质模型对水质进行模拟预测，水质模型是进行水体纳污能力计算和污染负荷分配计算的重要工具，计算结果的准确性，取决于水质数学模型精确程度。

8.2.3　水质模型的研究进展

对纳污能力的研究实际上是对污染物在水环境中的迁移、转化和积存规律的研究，这些规律可以用一定的水质模型加以描述，因此水质模型是目前研究水体纳污能力必不可少的工具，被世界各地水环境管理机构所采纳，并广泛应用于环境管理和规划中。

第一个水质模型是 1925 年由美国工程师 Streeter 和 Phelps 提出的氧平衡模型，即经典的 S-P 水质模型。从 S-P 模型算起，水质模型已被研究了 70 多年。国际上，从水质模型研究发展的时间上来看，大致可以分为以下 3 个阶段。

1. 第一阶段（1925—1980 年）

这一阶段模型研究对象仅是水体水质本身，模型的内部规律只包括水体自身的各水质组分的相互作用，其他如污染源、底泥、边界等的作用和影响都是外部输入。S-P 模型提供了水中有机物氧化作用与同时发生的复氧过程的关系式。这种模型框架使用了很长时间，直到 20 世纪 50 年代，O'conner 和 Dobbins 对复氧系数进行了深入的理论分析，取代了仅利用观测值得到复氧系数的方法。

在这一阶段，主要研究受生活和工业点污染源严重污染的河流系统，输入的污染负荷仅强调点源。其他的耗氧的源和复氧的汇，例如底泥耗氧（SOD）和藻类光合和呼吸作用，与水动力传输一样，都是作为外部输入，而面污染源仅仅是作为背景负荷。随着欧美等发达国家将二级处理作为国家的强制要求执行，对于许多水体，点源污染产生的污染物减少了，而来自水系（流域）内的面源污染相对增大了。这样，为相应改善对水流生态系统的管理，就要求对面源污染进行评价；同时，随着点源污染的下降，在底泥与上层水体之间发生的离散与交换作用以及底泥耗氧等作用更加突出，在大部分情况下，它们明显地与点源和非点源产生相互作用，所以靠外部输入这些值不再合适。

2. 第二阶段（1980—1995 年）

1980—1995 年可以作为水质模型快速发展的第二阶段，这一阶段模型有如下的发展：①状态变量（水质组分）数量上的增长；②在多维模型系统中纳入水动力模型；③将底泥作用纳入模型内部；④与流域模型进行连接以使面污染源能被连入初始输入。在这一阶段，对流域内的面源进行控制，使得管理决策更完善；将底泥的影响作为模型的内部相互作用的过程处理，从而在不同的输入条件下底泥通量可随之改变，而且由于水质模型的约束更多，预测的主观性大大减少。

这一时期，人们对一些比以前大得多的系统建立了模型，如美国的大湖——切萨比特湾等。

3. 第三阶段（1995 年至今）

随着发达国家对面源污染控制的增强，面源污染减少了，而大气中污染物质沉降的输入（如有机化合物、金属和氮化合物等）对河流水质的影响凸显，这已成为日益重要的污染负荷要素。因此，建立大气污染模型并将其连接到给定的水流域成为第三阶段面临的问题。所以，在模型发展的第三阶段，增加了大气污染模型，这样的连接要求大大扩展了模型研究领域。

20 世纪 60 年代以来，随着计算机技术的日趋成熟，国际上出现了一批利用计算机建立起来的水质模型通用软件，随着国外对水体纳污能力定量化研究的深入，这些软件被越来越多的学者应用于水体纳污能力计算中。国外学者针对不同的水体特征开发了大量成熟应用于水体纳污能力分析和水质管理的模型，如 QUAL2E、WASP6、MIKE-11、SWAT 等模型，在水质预测和污染物排放管理过程中发挥了重要作用。

8.2.4　水体纳污能力的研究进展

纳污能力的概念最早是由日本学者提出来的，20 世纪 60 年代末，日本为改善水和大气环境质量状况，提出污染物排放总量控制问题，在 1971 年开始对水质总量控制计划问题进行研究。欧美国家的学者一般采用同化容量、最大容许纳污量和水体容许排污水平等概念，而我国一般使用水环境容量这一术语。

国外对水体纳污能力问题的研究起步较早。如 Ecekr 等将流量等参数作为确定性变量处理，然后用线性规划方法计算治理投资最低情况下的水体允许排污水平。Revelle 和 Thoman 等用确定性方法把目标函数线性化后用优化模型求出了污染物的允许排放量。但根据这些确定性模型求解所得的计算结果仅仅是某一给定条件下的值，这与河流水文水质随机波动性本质以及河流同化能力的随机不确定性是不相匹配的。

随着随机理论研究领域和应用范围的不断扩展，在河流水质规划中也有了随机优化模型的运用。Fujiwara 等以区域污水处理费用之和最小为目标函数，运用概率约束模型对给定水质超标风险条件下河道排污负荷分配问题进行了研究，各个排污口分配的排污负荷之和实际上就是该河道允许排污的总量。研究初期，人们一般只是把河水流量或污水排放量作为随机变量来进行处理，后来，河水流量、河水流速、污染物浓度等参量往往也被视为已知概率分布的随机变量进行处理。如 Donald 等基于水文、气象和污染负荷等不确定性因子的多重组合情况，提出了河流水文、气象和污染负荷等不确定性因子的多重组合情况，提出了河流允许污染负荷计算及分配模式。Ellis 则采用嵌入概率约束条件的方式构建了一个新的随机水质优化模型，将河水流量、河段起始断面的生化需氧量（BOD）和溶解氧、废水排放流量、废水中的 BOD 和溶解氧、复氧系数、耗氧系数等均视为随机变量。从理论上讲，考虑多个参数要比仅考虑单个参数计算所得的结果要准确，能更好地反映出水质系统的本质特征。但若不能科学、准确地确定各参数的分布函数，反而会直接影响计算结果的可靠性。因此，随机变量的科学选取及其准确处理是运用随机优化模型的重点和难点。Donald 等考虑了水质现象等的随机波动性，运用一阶不确定分析方法将随机变量转化为等价的确定性变量，通过所构建的优化模型，计算了排污口允许排放量。Lee 等运用多目标规划的方法，对一个流域的水质管理进行了研究，规划模型中同时包括了经济和环境因素在内的 3 个目标（河流的水质、污水处理费用和河流的同化能力），此研究在改善水体质量的同时，确定了污水处理的费用并分配了允许污染负荷的排放方式。

我国在 20 世纪 70 年代后期引入了纳污能力的概念，开始水体纳污能力的研究，并很快超越理论概念的探索和争论，着重从水体纳污能力实际应用的角度开展工作，全国一些城市制定了水环境综合整治规划、水污染综合防治规划、污染物总量控制规划以及水环境功能区划。

国内纳污能力计算模式的研究最初是从稳态条件下河流水质模型开始的。"六五"期间，由国家环保局牵头，组织全国 40 多个单位的科技工作者，首次对水体纳污能力问题进行大规模的联合科技攻关。课题分别以沱江内江段、湘江株洲段等河段作为典型水体，研究了相应的水环境容量问题，并构建了水体纳污能力计算模式。此后，国内一般天然河流纳污能力计算也多是从稳态河流水质模型得到的定常设计条件下的纳污量。如刘芬等根据湘江霞湾段水力学特征，综合分析了多年水文参数和相应环境监测数据，建立了一套适合该江段的汞纳污能力模型，用于预测该江段在不同水文条件下汞的纳污能力及水体中汞的浓度分布变化规律，调控汞污染源的排放强度和总量。周孝德等提出了在一维稳态设计条件下计算河流水体纳污能力的 3 种方法，即段首控制法、段尾控制法和功能区段尾控制法。于雷等针对传统河流水体纳污能力一维计算方法的缺陷，提出了混合区的概念及其允许范围，提出了应用二维水质模型求解不均匀系数的计算方法，并以广西红水河某河段作实例对其纳污能力进行了计算，取得了很好的效果。

河流水体水文、水质和水力参数等都处于动态变化之中，稳态水质模型计算可能导致计算值与实际情况存在较大出入。因此，研究者开始着手研究动态条件下的河流纳污能力问题。徐祖信等针对上海市河网污染源分布的特点，建立了感潮河网水动力模型和河网纳污能力计算模型，并对蕴藻浜水系以及中心城区水系的水体纳污能力进行了计算分析，结果表明，该计算方法对河网地区动态水体纳污能力的计算十分有效。

随着纳污能力研究的不断深入，稳态水质模型的不足之处逐渐显露出来，为了能够更科学、准确地确定水体纳污能力，人们开始从水质系统的不确定性出发来研究纳污能力问题。概率稀释模型是从不确定性角度研究河流纳污能力的最主要方法之一，相对于稳态设计条件，概率设计条件下的河流纳污能力的计算结果，无论在理论上还是在实际应用上都更加接近于水体的真实情况，因此很多学者从河流水文、水质和水力条件等所具有的随机不确定性出发，运用随机理论对不确定性信息下的河流水环境进行了研究。陈顺天利用概率稀释模型计算了设计流量条件下，引水工程竣工前后东溪和晋江干流的纳污能力，并对二者进行了对比。还有学者从水环境系统具有的灰性、模糊性角度出发来计算水体纳污能力。如李如忠等将未确知数理论引入湖库纳污能力计算。将水深、污染物浓度、污染物降解系数以及水体容积等定义为未确知参数的基础上，建立了湖库纳污能力计算未确知模型，不仅可以得到湖库纳污能力的各种可能区间值，还可以得到各区间值对应的可信度水平（或频率），弥补了传统确定性模型和随机模型的不足。曾光明依据河流水质现象的复杂性和监测资料的不完全性，建立了含灰参数的河流水质模型和河流水质灰色非线性规划模型，再由灰色非线性规划理论，计算得到了以狭区间形式表示的河流允许纳污量。但由于不确定性理论计算复杂，其在纳污能力的理论研究和实践应用方面都还不多见。

水体纳污能力的研究为后续流域污染物削减和总量控制提供了理论依据，同时也为广义水环境承载力研究奠定基础。

8.3 广义水环境承载力的研究

广义水环境承载力研究涉及水环境、宏观经济、社会、人口等众多因素，各因素之间相互促进、相互制约，构成了一个复杂的动态系统。国外专门对水环境承载力的研究较少，仅在可持续发展文献中简单地涉及，如北美湖泊协会曾对湖泊承载力进行研究，美国的 URS 公司对佛罗里达群岛流域的承载力进行了研究，内容包括承载力概念、研究方法和模型量化手段等方面。此外，Joardor 等从供水角度对城市水资源承载力进行了相关研究，并将其纳入城市发展规划中，其他一些学者的研究也涉及水资源的承载限度等方面。

我国的水环境承载力研究始于 1985 年新疆水资源承载能力和开发战略对策研究，此后学者们从不同的角度提出了水环境承载力的概念，并且将这些概念在实践工作中不断完善，并进行了大量的研究。研究区域主要集中在西北、东北等国内干旱地区，在水资源丰富的南方或沿海地区相关研究则开展较少。

8.3.1　广义水环境承载力的影响因素

影响水环境承载力的因素多种多样,不仅涉及水体自身的特性,还涉及社会经济与人类活动等要素。

1. 水体纳污能力

水体纳污能力反映了水环境承载力中水环境容纳污染物的特性,反映了水环境自我维持、自我调节的能力和水环境功能可持续正常发挥条件下,水环境所能容纳污染物的量,是环境科学的基本理论问题之一,也是环境管理中重要的实际应用问题。在实践中,纳污能力是环境目标管理的基本依据,是环境规划的主要约束条件,也是污染物总量控制的关键技术支持。与纳污能力密切相关的是水环境质量标准,水环境对污染物的容纳能力是相对于水环境满足一定的质量标准而言的。一般情况下,执行的标准不同,其容纳污染物能力的大小也就不同,在确定水环境承载力时,必须以相应的坏境质量标准为依据。

2. 科学技术水平

科学技术是生产力,是承载能力中最具活力的因子。不同历史时期或同一历史时期的不同地区都具有不同的生产力水平,新技术的进步为改善环境和提高水环境承载力提供了极大的潜力。科学技术是推动生产力进步的重要因素,科技水平对提高工农业生产水平具有不可低估的作用,进而对提高水环境承载力产生重要影响。不同生产力水平下,所采取的生产工艺、污染治理措施不同,单位数量的污染物可能生产出不同数量或不同质量的工农业产品,相应地也就创造了不同的社会产值,这也表明了经济发展程度。科学技术水平的进步可提高水资源开发利用率、重复利用率、污水处理率等,从而提高水环境承载力。

3. 产业结构

产业结构对水环境承载力有很大的影响,尤其是高耗水产业。提高水环境承载力的方式有:遵循生态规律,调整工业布局,形成合理的生态工业链;调整产业结构,优先发展第三产业;发展、促进、鼓励、推广清洁生产工艺,鼓励企业不断更新工艺和设备,抓节水、节能和节约资源;依靠科技进步和科学管理,在节能降耗提高综合效益的同时,大力发展清洁能源,改善能源结构。

4. 人类活动

在一定的科技水平条件下,区域水环境承载力还会因人类活动内容的不同而有所改变。通过合理的产业布局,改变人类活动的内容,将污染较重的企业转移到水环境承载力相对较大的地区,可以提高水环境较为敏感地区的承载力;改变人们的消费方式和生活方式,提高人们对"环境资源价值、环境资源掠夺性开发和浪费会导致社会经济不可持续发展"的认识；加强宣传教育，普及生态意识和持续发展的意识，亦可提高水环境承载力。

5. 区域外因素

任何区域都不是孤立于其他区域之外的，总存在着千丝万缕的联系。区域内的人类活动不仅对该区域的环境产生影响，还会对其他区域特别是相邻区域产生影响；同样，其他区域的人类活动也会对本区域产生影响。随着人类社会活动强度的加大，影响范围越来越广，使得区域间的联系越来越紧密，区域间的相互影响会波及社会经济生活的方方面面，所以区域间的协调发展是每个区域可持续发展的前提；充分调动区域外因素，利用区域间的水环境承载力的互补作用，协调区域间的发展强度，可以提升区域承载力。南水北调、引滦入津就是很好的例子，可以突破资源紧缺的"瓶颈"效应，这种紧缺对区域发展产生不利影响时，效果尤其明显。

6. 政策、法规等政府干预措施

政府所作出的区域发展战略反映区域的发展规划和发展模式，对水资源的分配和利用有重要影响，从而影响水环境承载力的水资源子系统的支撑情况。政府管理体制和法制反映了人们用水、治水、保护水环境的基本思路，政府的政策法规可以对水环境承载力产生极大影响，合理的管理体制或法制对水资源的利用和水环境的保护有积极作用，相反，不合理的规划或发展策略却有消极的作用，这在很大程度上影响了水环境承载力。

7. 气候变化的因素

气候变化对区域水环境承载力的影响是巨大的，气候变化对我国水文循环和水资源系统已经产生了不可低估的影响，引起水资源在时空上的重新分配。随着人口增长和社会经济的发展，干旱和洪涝等灾害和日益突出的水资源供需矛盾将成为制约我国国民经济发展的一个重要因素。气候变化将使基因多样性、物种分布和生态系统改变，湿地面积减少，自然保护区功能下降，土壤侵蚀加速，泥石流增加，土壤肥力下降，从而使区域水环境承载力发生变化。

8.3.2 研究方法

广义水环境承载力研究涉及水环境、宏观经济、社会、人口等众多因素，各因素之间相互促进、相互制约，构成一个复杂的动态系统。目前，主要的研究方法有指标体系评价法、多目标模型最优化法、人工神经网络法和系统动力学等方法。

1. 指标体系评价法

指标体系评价法是目前应用较为广泛的一种广义水环境承载力的量化模式。围绕河流水体特征，选择相关的社会经济、水体污染、流域管理等多项指标，应用统计或其他数学方法计算出综合指数,实现对水环境承载力的量化评价,反映区域水环境承载力现状和阈值。水环境承载力的量化模式主要有:向量模法、模糊综合评价法、主成分分析法、层次分析法和承载率评价法等。

向量模法(又称状态空间法)是将水环境承载力视为一个由 n 个指标构成的向量,设有 m 个发展方案或 m 个时期(地区)的城市发展状态,对 m 个发展方案的 n 个指标进行归一化,归一化后得到的向量模即为相应方案的水环境承载力。

郭怀诚等首次把指标体系评价法用于水环境承载力的研究中,以大气环境质量类、水环境质量类、水生生态稳定性类、水资源类和土地资源类 5 类指标作为评价指标,分析了福建省湄洲湾开发区的环境承载力,为开发区的环境规划提供了依据。刑有凯等选择城市水资源总量/用水总量、人均地区生产总值、单位地区生产总值水耗、工业万元增加值废水排放量、工业万元增加值化学需氧量(COD)排放量、工业废水重复利用率、污水处理率、工业废水排放达标率、人均日生活用水量 9 个与水环境承载力密切相关的指标,采用向量模法评价了北京市 2000—2005 年水环境承载力水平,结果表明,北京市水环境承载力水平较低,但呈逐年改善趋势,评价值由 0.385 上升至 0.644;水资源紧缺是制约北京市发展的重要原因,要改善水资源短缺,在通过流域外调水等方式增加水资源供给量的同时,还必须继续大力推进节水工作。向量模法简单易行,广泛应用于水环境承载力早期研究,但由于忽视了水环境承载力概念的模糊性和向量所具有的方向性,而且一般采用均权数法确定指标权重,忽略了指标相对大小对承载力的贡献,进而影响了评价结果的可靠性。

模糊综合评判法是利用模糊数学分析和评价模糊系统的方法,是一种以模糊推理为主的定性与定量相结合,精确与非精确相统一的分析评判方法。该方法将水环境承载力的评价视为一个模糊综合评价过程,在对影响水环境承载力的各个因素进行单因素评价的基础上,通过综合评判矩阵对其承载力作出多因素综合评价,综合考虑水环境承载力概念的模糊性和指标信息的随机不确定性,提高了水环境承载力评价的准确性和可操作性,从而可以较全面地分析出水环境承载力的状况。

模糊综合评价在水环境承载力评价中应用较多,模糊综合评判模型分为单层次模糊综合评判模型和多层次模糊综合评判模型。赵青松等把模糊数学中隶属度的概念引入水环境承载力评价中,同时也列举了一些构造隶属函数的常用方法,把原本复杂、模糊的问题定量化,使水环境承载力的评价问题变得简单、清晰。另有学者在研究水环境质量评价过程中,将人工神经网络引入模糊综合评价隶属矩阵的确定过程,利用人工神经网络构造隶属函数矩阵,并以青岛大沽河为例,利用模糊综合评价法对其水质进行了评价,并取得了良好的评价效果。模糊综合评价法综合考虑了水环境承载力概念的模糊性和指标信息的随机不确定性,较向量模法更能反映问题的实质,结果亦更具说服力。但这种方法的局限性来自模型本身,因其取大取小的运算法则会遗失大量有用信息，评价因素越多，遗失有用信息就越多，信息利用率就越低，误判可能性越大，且隶属度的计算比较烦琐，限制了模糊综合评价法的应用。

主成分分析法则是利用变量之间的相互关系，用少数几个潜在的相互独立的主成分指标（因子）的线性组合来表示实测的多个指标，力求在保证数据信息、丢失最小的原则下，对高维变量进行最佳综合与简化，同时也可客观地确定各指标的权重，避免主观随意性，使得分析和评价能够找出主导因素，切断相关的干扰，从而作出更为准确的估量和评价，在一定程度上克服了向量模法和模糊综合评价法的缺陷。而水环境承载力评价的焦点正是如何科学、客观地将一个多目标问题综合成一个单指标形式，因此将主成分分析法用于水环境承载力的综合评价有效克服了上述方法的缺陷。李俊应用主成分分析法，对长春市石头口门水库汇水区的主要河流进行了水环境质量综合评价，并进一步对各个监测断面的水质优劣程度进行了排序。张丽等根据主成分分析法的原理，建立了水资源承载力评价模型，对都江堰各灌区的水资源承载力进行综合评价，结果表明都江堰流域水资源开发利用程度已接近饱和，水资源承载力比较差，开发潜力已经很小。主成分分析法的不足之处在于仅适用于某地区某一年的水资源承载力空间差异研究，而不适于研究不同年份水环境承载力的变化情况。而且，在评价参数分级标准的制定和对主成分、控制点的选取方面也存在一定的困难。

层次分析法是美国著名运筹学家、匹兹堡大学教授萨蒂提出的一种多目标、多准则的决策方法。层次分析法本质上是一种决策思维方式，它体现了人们的决策思维"分解—判断—综合"的基本特征，将复杂的问题分解为各个组成因素，将这些因素按支配关系分组形成一种有序的递阶层次结构，通过两两比较的方式确定层次中诸因素的相对重要性，然后综合人的判断决策诸因素相对重要性顺序；层次分析法可将一些量化困难的问题在严格数学运算基础上定量化，并将一些定量、定性混杂的问题综合为统一整体进行综合分析。特别是用这种方法在解决问题时，可对定性、定量转换、综合计量等解决问题过程中所作判断的一致性程度进行科学的检验。樊庆锌等采用层次分析法对水环境承载力进行综合评价，针对大庆地区水环境现状建立合适的水环境评价指标体系，应用各评价指标承载度模型计算得出各评价指标承载度，通过水环境承载力模型进行综合计算，得出大庆地区水环境承载力，分析大庆地区水环境承载力现状以及动态变化趋势，找出影响大庆地区水环境承载力的主要因素，结果表明，大庆地区水环境承载力较低并呈现逐年降低的趋势，主要是水资源短缺、水资源利用率过大造成的。李如忠根据完整性、层次性和动态性原则从经济、社会、资源、环境、技术与管理等角度，设计了城市区域水环境承载力评价指标体系，构建了三层递阶层次结构模型，并运用统计学方法对评价指标进行无量纲化处理,提出了层次分析法与统计学法相结合的区域水环境承载力状态趋势评价模型,并对某城市 1994—2003 年水环境承载力状态变化情况进行了分析、评价,研究结果表明,所建模型对多指标、多因素的区域水环境动态承载力评价具有很好的适用性,还可用于验证过去所制定的发展规划和战略规划是否科学、合理,为该城市制定更深远的发展规划提供参考,这对实现区域经济、社会和环境的协调发展具有重要意义。

承载率评价法是目前比较流行的一种评价环境承载力的方法,通过引入环境承载量(EBQ)和环境承载率(EBR)的概念来评价环境承载力的大小。环境承载量是指某一时刻环境系统实际承受的人类社会和经济系统的作用量;环境承载量阈值(EBC)是容易得到的理论最佳值或者是预期要达到的目标值(标准值);环境承载率是指区域环境承载量与该区域环境承载量阈值(各项指标上限值)的比值,即 EBR = EBQ/EBC。当 EBR>1 时,表明环境承载量超出环境的承受阈值,即超载,将可能引发相应的环境问题;EBR<1 时,表明环境系统还有一定的承载能力。唐剑武分析了山东某市的环境承载力,用污染承受类的二氧化碳、总悬浮颗粒物、COD、总磷、噪声,以及自然资源类的地下水开采量、社会条件类的单位绿地面积人群数(1/人均绿地面积)、单位居住面积人群数(1/人均居住面积)等共 8 项指标组成指标体系,通过计算环境承载率,来评判当地环境承载量和环境承载力的匹配程度。

2. 多目标模型最优化方法

多目标模型最优化方法是另一种常用的量化方法,它将研究区域作为一个整体系统来研究,采用分解-协调的系统分析思路,将整体系统(特定地区的水资源、人类社会经济系统)分成若干个子系统,并采用数学模型对其进行刻画,各子系统模型之间通过多目标核心模型的协调关联变量相连接。通过对系统内部各要素之间关系的剖析,用数学约束进行描述,通过数学规划,分析系统在追求目标最大情况下系统的状态和各要素的分布。若事先确定需要达到的优化目标(包括国内生产总值、人口、粮食产量和污染负荷量等)和约束条件,结合模型模拟和对决策变量在不同水平年上的预测结果,就可解出同时满足多个目标整体最优的发展方案(即所对应的人口或社会经济发展规模)。多目标模型最优化方法考虑了人类不同目标和价值取向,融入决策者的思想,比较适合处理复杂的系统问题。目前多目标核心模型通常采用契比雪夫算法进行求解,对于权重迭代收敛,有时采用融合了决策者对邻近点和追踪矢量的算法进行。可以看出,方案的拟定和筛选对于优化求解结果的准确性具有决定意义。为了避免方案确定太早而产生次优解,可采用情景分析法来筛选备选方案,这种方法开始只粗略提供一些可行的情景给决策者,设定出后台情景,然后根据决策者意见采用多目标模型方法筛选出前台情景作为规划方向。朱一中等采用多目标情景分析方法和综合评判方法,从面域尺度对西北地区 2010 年和

2020 年不同情景方案下的水资源承载力进行了预测分析和评价，预测结果表明，西北地区社会经济用水将在现有基础上继续增加，但增加幅度有限，通过提高用水效率、调整产业结构、控制灌溉面积发展等综合措施，西北地区未来可以逐步实现水资源供需平衡及生态环境和社会经济协调发展的目标。综合评价结果认为，未来西北地区水资源承载力状况将逐步得到改善，但中短期内仍不可能达到良好可承载的程度。苏志勇等以黑河流域中游为例，提出了研究水资源承载力的多目标模型和纳入生态价值模块的途径和方法，从价值量的角度对流域生态系统和经济系统进行了初步的耦合研究，并根据模型的优化分析结果分析了未来 20 年黑河流域张掖地区的水资源承载力。

3. 人工神经网络法

人工神经网络是基于模仿大脑神经网络结构和功能而建立的一种信息处理系统，因为具有处理、自组织、自适应、自学习和容错性等独特的优良特性而引起广泛关注。尤其在信息不完备的情况下，在模式识别、方案决策、知识处理等方面具有很强的能力，且设计灵活，可以较为逼真地模拟真实的社会经济系统。将人工神经网络技术应用于水环境承载力评价建模时，不必了解变量之间的具体关系，只需根据实际问题确定网络结构，通过典型样本数据的学习，获得有关该问题知识的网络权值即可，具有结构简单、建模方便、评价结果直观等特点。王俭等在分析水环境承载力概念及人工神经网络技术的基础上，从阈值角度出发，建立了基于人工神经网络的区域水环境承载力评价模型，并将其应用于辽宁省水环境承载力评价，结果表明，2000—2004 年，辽宁省水环境承载力指数整体呈上升趋势，但承载力依然较弱，提出的水环境承载力评价模型具有结构简单、建模方便的特点，评价结果可以直观地反映区域水环境承载状态。

4. 系统动力学法

系统动力学是一门基于系统论，吸取反馈理论与信息论成果，并借助于计算机模拟技术的交叉学科，这种方法主要是通过一阶微分方程组来反映系统各个模块变量之间的因果反馈关系，并配有专门的 DYNAMO 软件，给模型的仿真、政策模拟带来很大方便，可以较好地把握系统的各种反馈关系，适合于进行具有高阶次、非线性、多变量、多反馈、机理复杂和时变特征的承载力研究。在实际应用中，对不同的发展方案采用系统动力学模型进行模拟，并对决策变量进行预测，然后将这些决策变量视为水环境承载力的指标体系，再运用相关评价方法进行比较，可得到最佳的发展方案及相应的水环境承载力。系统动力学方法应用于区域水环境承载力研究，可把资源、环境、社会、经济在内的大量复杂因子作为一个整体，综合考虑众多因子的相互关系。通过模拟不同发展战略得出人口、环境和经济发展间的动态变化趋势及其发展规模，即对一个区域的资源环境承载力进行动态计算，具有系统发展的观点，而且具有分析速度快、模型构造简单、可以使用非线性方程等优点，缺点是趋势变化受参数影响大，主要用于短期预测，且 SD 模型受建模者对系统行为认识的影响，其中参变量不好掌握，易导致不合理的结论。赵卫等针对水环境承载力系统具有高阶次、多变量、多回路和非线性的反馈结构特点，运用系统动力学原理，建立辽河流域水环境承载力仿真模型，模型分析结果表明 1996—2005 年辽河流域水环境承载状况呈恶化趋势，水环境系统尤其是水资源量是影响辽河流域水环境承载力的主要因素，治污能力、供水能力的增强和排污模式、用水模式的优化对水环境承载力的优化作用不断增强。莫淑红等将水资源、水污染、工业、农业和人口作为水环境承载力的 5 个子系统，采用系统动力学与向量模法相结合的方法，建立了宝鸡市水环境承载力系统动力学仿真模型；通过多个方案仿真，比较优选出适合宝鸡市发展的最佳方案，为宝鸡市可持续发展提供决策依据。

除以上几种方法外，水环境承载力的计算方法还有系统分析法、投影寻踪法、水环境状态指数法等其他方法，每种方法都各有其优缺点。因此，在实际的应用过程中，应根据研究区域的实际情况来选择合适的方法。单独一种方法由于其缺点限制了其使用效果，将两种或多种方法联合使用往往会取得较好的效果，这也是未来研究发展的趋势。

8.4　海河干流区域水环境承载力的综合评价

水环境承载力与区域的自然条件、经济发展模式、水体纳污能力及相应的水污染防治对策密切相关，对水环境承载力进行研究可为区域社会经济发展和水环境保护提供理论依据。本节结合海河干流区域社会经济发展规划要求、水资源和环境特征，从水环境承载力涉及的社会经济、资源环境、技术管理等领域选择了 15 个评价变量，构造了一个具有三级层次结构的指标体系，建立了水环境承载力综合评价模型，对海河干流区域的水环境承载力进行综合评价并对中远期的水环境承载力进行情景预测分析，以期为天津市社会经济发展规划提供参考。

8.4.1　指标体系的建立

1. 指标体系的构建原则

水环境承载力系统是涉及经济、社会、资源和环境等多个领域典型的多指标问题。水环境承载力评价指标体系的建立是水环境承载力研究中的关键问题，建立的指标体系的合理性将在很大程度上直接影响到评价预测的结果，水环境承载力指标的选取合理与否将直接影响到评价结果的正确性，因此在指标的筛选过程中应遵循一定的原则。选取水环境承载力评价指标的时候应该尽量遵循以下几个基本原则。

（1）科学性原则。水环境承载力是由多种要素组合而成的，包括社会、经济和环境等方面，该原则要求在评估综合承载力时，要有科学的理论、科学的方法和科学的态度。指标体系建立在一定的科学理论基础之上，概念的内涵和外延明确，能够度量和反映水环境承载力的主体特征、变化趋势和主要影响因素，也能够科学合理地涵盖事物的主要性质、特点、内在的运行规律，体现区域大规模发展的特点；能够真实地反应区域内部不同子系统之间以及不同指标间的相互联系，并能较好地度量区域水环境承载力主要目标实现的程度。为处理好这些环节，必须遵循科学的观点，对评价对象作系统分析，包括评价对象的构成要素以及构成要素之间的相互联系与作用。

（2）独立性原则。系统的状态可以用多个指标来描述，但这些指标之间往往存在信息交叉，在构建指标体系过程中，应该在诸多交叉信息中，通过科学的剔除，选择具有代表性和独立性较强的指标参与评价，提高评价的准确性和科学性。同时各评价指标应相互独立，尽量避免重复计算；同时所选指标内容要简单明了，容易理解，并具有较强的可比性。为便于不同区域之间的比较，应选取最常用，同时也是最易获取、综合性强、信息量大的规范性评价指标。

（3）系统性原则。水环境承载力系统作为一个复杂的系统，每个因子之间既相互独立，又相互制约。因此，要求水环境承载力评价指标体系必须能够全面地反映该区域经济发展的各个方面，具有层次高、涵盖广、系统性强的特点。既要避免指标过于庞杂，又要避免因指标过少而遗漏重要因素，通过系统分析方法，尽可能完整、全面、系统地反映评价对象的全貌，将总指标逐层分解，在不同层次上采用不同的指标。

（4）层次性原则。水环境承载力系统包括人口系统、经济系统、环境系统等子系统，每一子系统又可以用众多的指标进行标度，最终合成一个指标来描述系统的水环境承载力状态，因此，指标体系的设置也应具有层次性。

（5）整体性原则。水环境承载力系统将经济发展、生态保护、岸线发展统一起来，由不同层次及因子组成，它包括人类社会本身及与其有关的各种基本要素、关系和行为。因此，指标体系要想充分反映系统的每一个侧面，形成一个完整的评价系统，就必须具有整体性，从宏观到微观层层深入。

（6）动态性与稳定性相结合原则。在时间上的持续性与波动性是水环境承载力的主要特征之一，并且水资源与环境在数量、质量、空间等都随着时间发生动态变化。因此，在设置指标体系时，必须选择相应的指标来标度系统的动态，将时间显性或隐性地包含在体系之中，使评价模型具有"活性"。同时，由于水环境承载力一方面处于动态变化中，另一方面在一定时期内又保持着相对的稳定性，这就决定了在指标体系中所选取的指标必须能较好地描述、刻画与度量未来的发展或发展趋势，必须具有动态性与相对稳定性相结合的特点。

（7）可操作性和可度量性原则。指标具有可测性和可比性，指标的获取具有可能性，易于量化，指标的设置尽可能简洁，避免繁杂。考虑预测评价的可执行性，选择的评价指标应能对各类情景方案进行定量化的影响预测，以使得到的结果在指标体系中定量体现并能参与综合评价的模型计算。同时，无论是定性指标还是定量指标，都应具有科学的定义和确切的计算方法，并符合相应技术规范，便于后续的跟踪监测和预警。

2. 指标体系的构建

本著中选择水环境承载力评价指标时遵循实用、反映系统本质、易于量化以及资料完整性的原则，综合考虑天津市水资源状况、水环境质量和水生态状况等方面要素，并借鉴国内相关学者的研究成果，从水环境承载力涉及的经济、社会、资源、环境和管理等领域，选择了水资源支撑能力、水环境纳污能力、社会经济优化配置能力三大类 15 个评价变量，构造了一个目标–指标–变量三级层次结构的水环境承载力指标体系，见表 8-1。

表 8-1　评价指标结构

目标层	指标层	变量层
海河干流区域水环境承载力 A	水资源支撑能力 B1	人均水资源量 C1
		水资源可供给量承载率 C2
		流域外调水比例 C3
		农灌亩均用水量 C4
	水环境纳污能力 B2	化肥施用强度 C5
		单位国内生产总值（GDP）的 COD 排量 C6
		工业废水重复利用率 C7
		Ⅲ类水体所占比例 C8
		污水处理率 C9
	社会经济优化配置能力 B3	人均 GDP C10
		万元 GDP 水耗 C11
		第三产业所占 GDP 比重 C12
		环保投入占 GDP 比重 C13
		园林绿地面积 C14
		再生水回用量 C15

评价指标体系的 3 个层次分别表述如下。

（1）目标层（A）：表示水环境的总体承载力，数值越大表示承载力越强。

（2）指标层（B）：该层反映了水环境、社会经济系统中与水环境承载力大小密切相关的主要影响因素，即水资源支撑能力 B1、水环境纳污能力 B2 和社会经济优化配置能力 B3；每个主要影响因素又都包含了若干个变量。

（3）变量层（C）：共包括 15 个变量。

水资源支撑能力反映以区域水资源自然赋存条件为基础的水资源量。水资源支撑能力变量中 C1 和 C2 是正效变量，人均水资源量越大，水环境承载力就越大。水资源可供给量承载率为水资源可供给量与总用水量的比值，水资源可供给量承载率等于 1，表示水资源处于可承载状态；水资源可供给量承载小于 1 表示水资源处于超载状态。C3 和 C4 为负效变量，农灌亩均用水量越高的区域，水环境污染越严重，即水环境承载力相对越小。C3 反映了流域外调水程度，为负效变量。

水环境纳污能力反映了各行业生产和社会生活的用水和污染物排放对区域水体纳污能力的影响情况。C5 和 C6 为负效变量，化肥施用强度指一年内单位耕地面积的化肥施用量，反映农业生产对水环境的压力，其值越大，由农田径流造成的农田面源污染越严重；单位 GDP 的 COD 排放量反映同等污染物产生条件下的工业生产效率，减小该值，能降低减少企业 COD 排放量，增加水环境承载力。C7、C8 和 C9 为正效变量，工业废水重复利用率反映了工业对水资源的重复利用效率；污水处理率越高，进入水体的污染物越少，水环境承载力越大；Ⅲ类水体所占比重越大，水环境质量越高。

社会经济优化配置能力反映了社会经济发展状况及环境保护措施对水环境承载力的影响。社会经济优化配置能力指标中除 C11 外，其他变量都为正效变量。人均 GDP 显示了经济的综合效益及开发水资源和治理环境污染的能力，第三产业占 GDP 的比重反映了社会经济结构，环境治理投资占 GDP 的比例反映了治理污染的能力，园林绿地面积越大，生态环境越好，再生水回用量反映了中水利用量，有助于节约水资源，提高水环境承载力。

3. 指标权重的确定

水环境承载力评价指标体系中，各个变量对最终综合评价结果的影响程度是不同的，即各变量应有不同的权重。本著中采用层次分析法确定指标层以及变量层各因子权重。

层次分析法是在 20 世纪 70 年代初提出的一种定量和定性相结合、系统化、层次化的决策分析方法。它强调人的思维判断在决策过程中的作用，通过一定模式使决策思维过程规范化，适用于既有定量指标又有定性指标，各因素可依据隶属关系划分为上、下几个层次的决策问题。每一层次中的元素具有大致相等的地位，对每一层次的相关元素进行比较分析，层次之间按隶属关系建立起一个有序的递阶层次模型。具体步骤如下：

（1）构造判断矩阵。层次结构模型确定了上、下层元素间的隶属关系。对于同层各元素，以相邻上层有联系的元素为准，分别两两比较。在咨询有关专家意见的基础上，运用"1~9"标度评分方法划定其相对重要性或优劣程度（表8-2）。

表 8-2　评价模型中因子相对重要性对比

标度	含义
1	表示两个因素相比，具有同样重要性
3	表示两个因素相比，一个比另一个稍微重要
5	表示两个因素相比，一个比另一个明显重要
7	表示两个因素相比，一个比另一个强烈重要
9	表示两个因素相比，一个比另一个极端重要
2, 4, 6, 8	上述两个相邻判断的中值

（2）判断矩阵最大特征值与特征向量的计算。层次分析法中一个关键性的问题是确定判断矩阵的最大特征值及相应的特征向量。常用的计算方法有幂法、方根法、最小二乘法和规范列平均法等。对于不需要精确解的问题可以使用较简单的方法计算，由于水环境承载力评价本身是一个宏观性的问题，不需要精确的解法，本著中采用规范列平均法（和积法）计算。

（3）层次单排序及一致性检验。运用和积法得到各判断矩阵最大特征根及其对应的特征向量，将最大特征根对应的特征向量归一化，即可得到下一层次各元素相对于上一层次相应元素的相对重要性权重。然后根据一致性比率对判断矩阵进行一致性检验。若有满意的一致性，则特征向量归一化后即可作为单排序的排序权值向量。否则，需对判断矩阵的标度做适当修正。当判断矩阵的阶数 $n \leq 2$ 时，判断矩阵满足完全一致性条件，不需要进行一致性检验；但当 $n > 2$ 时，很难满足完全一致性的要求，需要进行一致性检验。

（4）层次总排序及一致性检验。同层次间各因素相对于上层准则的相对重要性权值确定后，即可在此基础上计算各层次所有因素相对于最高层相对重要性的权值，称层次总排序。层次总排序的计算顺序是自上而下，第二层的单排序即为其总排序，其后各层的总排序可逐层顺序计算。

按照上述计算过程，最终确定各变量的权重，权重取值见表 8-3。根据权重分析可以看出，污水处理率和单位 GDP 的 COD 排放量的权重居前两位，是影响水环境承载力的重要因素。

表 8-3　水环境承载力评价指标相应变量的权重

目标	主题层	指数层权重	指标层
水环境承载力 A	水资源支撑能力 B1	0.260 5	人均水资源量 C1
			水资源可供给量承载率 C2
			流域外调水比例 C3
			农灌亩均用水量 C4
	水环境纳污能力 B2	0.428 3	化肥施用强度 C5
			单位 GDP 的 COD 排量 C6
			工业废水重复利用率 C7
			3 类水体所占比例 C8
			污水处理率 C9
	社会经济优化配置能力 B3	0.311 2	人均 GDP C10
			万元 GDP 水耗 C11
			第三产业所占 GDP 比重 C12
			环保投入占 GDP 比重 C13
			园林绿地面积面积 C14
			再生水回用量 C15

　　根据海河干流水环境承载力评价模型变量需求，以天津市作为海河干流区域，收集了 2010—2017 年天津市的相关资料，作为后续分析的依据。资料主要来源包括《天津市统计年鉴》《天津市水资源公报》《中国城市统计年鉴》。

8.4.2　评价结果

1. 水环境承载力现状评价

　　以天津市水环境承载力指数评价模型为基础，依据天津市 2010—2017 年相关变量统计分析数据，对天津市 2010—2017 年水环境承载指数进行计算，水环境承载力综合评价指数介于 0.33~0.48，说明整体承载力水平较低；而从随时间变化趋势来看，天津市水环境承载力在 2012 年达到最低，然后呈逐年上升的趋势，表明 2012 年后，天津市的水环境与社会经济发展协调程度有所改善。2012 年水环境承载力低，主要是由于 2012 年污水处理率最低，万元 GDP 的水耗达到最大值，而人均水资源占有量处于较低的水平，导致 2012 年的水环境承载力在整个评价期间最低。

　　根据表 8-3 可以看出，水资源支撑能力、水环境纳污能力和社会经济优化配置能力三者对天津市水环境承载力影响程度为：水环境纳污能力>社会经济优化配置能力>水资源支撑能力。在水资源支撑能力指标层变量中，各变量对资源支撑强度为：人均水资源量=水资源可供给量承载率>流域外调水比例>农灌亩均用水量；对水环境纳污能力指标层变量而言，各变量对环境纳污能力影响程度为：污水处理率>单位 GDP 的 COD 排放量>Ⅲ类水体所占比例>工业废水重复利用率>化肥施用强度；社会经济优化配置能力指标层变量中，各变量影响程度为：万元 GDP 水耗>人均 GDP>再生水回用量>环保投入所占 GDP 的比重>园林绿地面积>第三产业所占GDP 比重。因此，提高污水处理率和降低万元 GDP 的 COD 排放强度可有效减少进入水环境中的污染物的量，是提高水环境纳污能力的最有效手段。降低万元 GDP 水耗和提高人均 GDP 是提高天津市社会经济优化配置能力的重要保障。

水资源支撑能力在评价期间的总体趋势是逐渐下降的，这主要是由于随着经济的发展和人口的增加，人均水资源量下降，水资源的支撑能力整体呈逐年下降趋势。水环境纳污能力在 2012 年达到最低值，然后逐年上升，这主要是由于在 2010—2017 年期间，占主导作用的污水处理率总的趋势是逐年增大，单位 GDP 的 COD 排放强度逐年下降，而 2012 年的污水处理率和工业废水的重复利用率是最低的，从而导致 2012 年水环境纳污能力最低。在 2012—2017 年期间，社会经济优化配置能力呈稳定的上升趋势。在此期间，人均 GDP、再生水回用量、园林绿化面积逐年上升，万元 GDP 水耗逐年下降，从而导致社会经济优化配置能力逐年增强。

在 2014 年，社会经济优化配置能力对水环境承载力的支撑能力超过水资源支撑能力，说明在水资源短缺、水资源支撑能力对水环境承载力的支持强度不断下降的情况下，可通过采用新技术和新工艺，降低万元 GDP 的水耗和单位 GDP 的 COD 排放强度，提高污水处理率和再生水的回用率等措施，优化社会经济配置能力，从而提高水环境承载力，这是提高天津市水环境承载力的重要途径。

2. 水环境承载力中远期情景预测分析

根据《天津市城市总体规划》《天津市城市供水规划》《天津市排水专项规划》《生态县、生态市、生态省建设指标》所规定的值，对 2020 年、2025 年和 2030 年的天津市水环境承载力进行情景预测分析。情景设置如下。

方案 1：以单位 GDP 的 COD 排放强度现状水平为基础，保持现有水资源支撑、水环境纳污能力，保持国民经济发展速度，以此来评价在现有资源与环境支撑能力下的天津市水环境承载力。

方案 2：根据节水规划和国民经济发展速度规划，通过节约用水和利用再生回用水等方式，提高水资源支撑能力，从而提高水环境承载力。由于 2017 年天津市的万元 GDP 耗水量已经达到 15.78 m³/万元，远远低于国家 113.8 m³/万元的全国平均值和北京市的 27.6 m³/万元，工业用水重复利用率也高达 95.2%，远远高于全国平均水平，因此设定万元 GDP 水耗和工业用水重复利用率保持在 2017 年的水平。通过提高污水处理率，增大再生水的回用量，发展农田节水灌溉，将农田灌溉用水有效利用系数从 0.45 提高到 0.7，减少亩均灌溉用水量。

方案3：以提高环保投入占 GDP 比例，提高污染治理技术为基础，根据国民经济发展速度规划，评价提高环境污染控制技术下的水环境承载力。将环保投入所占 GDP 由 2007 年的 1.71% 提高到 2020 年的 5%，降低单位 COD 排放强度，使天津市水环境状况在保持经济发展速度的条件下可保持在 2017 年的水平不再恶化。

方案4：综合方案，通过节约用水，通过提高再生水回用量来提高现有的水资源支撑能力，提高环保投入所占 GDP 比例，进行污染治理，降低单位 GDP 的 COD 排放强度，并优化社会产业发展结构，增大第三产业所占比例，从而使资源、环境、社会经济等能力相协调，水环境状况达到天津市水功能区划的 2020 年规划目标，在此条件下评价天津市的水环境承载力状况。

通过维持水资源现状、节水、增加环保投资、综合措施 4 种情景分析，评价天津市 2020 年、2025 年和 2030 年的水环境承载力综合指数。结果表明：2020 年、2025 年和 2030 年，方案 1、方案 2、方案 3、方案 4 四种情景下，天津市水环境承载力呈阶梯式上升。在维持水资源现状，不提高污染治理和控制技术的情况下，2020 年、2025 年和 2030 年的水环境承载力比 2017 年略有降低，且随着时间的推移，水环境承载力逐渐降低，这主要是由于保持现状单位 COD 排放强度，造成水环境质量的下降。在节水方案情况下，与 2017 年水平相比，2020 年、2025 年和 2030 年的水环境承载力指数可分别提高 7.6%、19.6% 和 31.5%。在采用提高环保投入占 GDP 比例的情况下，水环境承载力指数可分别提高 10.5%、26.6% 和 44.6%。在采用综合措施条件下，水环境承载力指数可分别提高 13.0%、33.1% 和 55.2%。由此可见，采用新的污染治理技术、降低单位 GDP 的 COD 排放强度是提高天津市水环境承载力指数的重要措施。

8.5 海河干流区域基于水环境承载力的环境管理对策

针对海河干流区域水环境安全存在的问题，以水环境纳污能力和限排总量的研究成果为基础，并且以改善海河干流区域水环境质量为目标，逐步削减污染物排放总量，提出污染负荷削减措施，为企业削减污染负荷和环保部门实施总量控制措施提供依据；同时基于水环境承载力的综合评价结果，对海河干流区域发展格局提出优化对策，以期为提升海河干流区域水环境承载力和社会经济发展规划提供服务。

8.5.1 基于纳污能力和限排总量的水质管理对策

1. 污染物总量控制实施方案

根据其他水体纳污能力和限制排污量的研究成果，在 75% 水文保证率流量下，天津市 COD 和氨氮的限制排污量分别为 46 913 t/a 和 4 039 t/a，以限制排污量作为各行政区重点污染物排放总量控制值。为实现 2020 年水质目标，天津的 COD 和氨氮削减任务十分繁重。建议水体污染物排放总量控制实施遵循如下原则：

（1）区分类管理的原则。依据天津市水环境功能区要求、水环境质量控制目标、水体纳污能力和水功能区的水质现状，对水功能区进行分类管理，将水功能区分为重点削减区、一般削减区和污染控制区。根据对天津市水质现状多元统计分析的结果，将水功能区分为 5 类，其中 C 类水功能区水质较好，主要分布在蓟州区引滦入津沿线，保障着天津市的供水安全，这类区域作为污染控制区，应该在维持水质现状的基础上逐步改善这类水功能区的水质，加强环境监管力度，严禁向该类水功能区排放污水，并逐步减少面源污染的进入。对污染严重的 B 类和 E 类区域，作为污染物重点削减区，分析主要的入河污染物来源，制定循序渐进的治理规划。而对污染较为严重的 A 类和 D 类水功能区则作为一般削减区进行管理。同时要根据不同功能区主要污染因子的不同分别提出相应污染物控制要求。

（2）近远期结合的原则。以达到《海河流域天津市水环境功能区划》2020 年水质目标为目标，制定近期、中期和远期污染物排放总量削减目标，实现污染物排放总量控制。近期应以削减 COD 为主要目标，而根据 2020 年纳污能力及污染物削减量的研究，2020 年应将控制氨氮对水环境的污染作为主要任务。另外在本著中未考虑总氮的影响，而在 2017 年水质现状的研究中，发现 2017 年天津市有部分水功能区总氮指标为劣 V 类，严重超标，因此在远期改善水质规划中，应将总氮作为一项重要的指标来进行控制。

（3）突出重点有序推进的原则。近期选择在主要纳污水功能区且水体严重污染的区域（如大沽排污河、北塘排污河、海河等）实行 COD 和氨氮总量控制试点，探索总量控制经验；随着水体纳污能力研究工作的不断完善，逐步在天津市范围内推广。

2. 污染物削减措施

针对海河干流区域水环境的污染特征，重点开展典型行业的清洁生产与生态工业园区的循环经济模式的研究；提高城市污水处理率，发展城市城镇生活污水深度处理与再生回用水技术；开展农村与农业面源污染控制技术的研究；进行城市地表径流污染控制等水污染控制关键技术的研究，以减少入河污染物量，改善水环境质量。

（1）典型行业清洁生产与生态工业园区循环经济模式。

研究开发印染、化工、造纸、医药等高污染行业的清洁生产工艺，及其与循环经济的链接技术。针对多产业聚集的典型工业园区，建立典型工业生态示范园区，以提高资源、能源的利用效率。生态工业园区是发展循环经济的重要形式，它从工业源头上将污染物排放量减至最低，实现区域的清洁生产，生态工业园遵循的是

"回收—再利用—设计—生产"的循环经济模式,使不同企业之间形成共享资源和互换副产品的产业共生组合,使上游生产过程中产生的废物成为下游生产的原料,达到相互间资源的最优化配置,从而大幅度减少污染物的排放。

天津市是我国综合性工业基地,工业基础雄厚,门类齐全,所占比重大。虽然天津市的各项指标都优于全国平均水平,但其单位 GDP 产生的工业废水、单位 GDP 的 COD 和氨氮排放强度都远高于北京市水平,说明天津市工业在推行清洁生产、减少工业废水排放量和工业废水排放的 COD 和氨氮污染物方面有极大的潜力。

(2)提高城市污水处理率,发展城市(镇)生活污水深度处理与再生利用技术。

目前,天津市的城市污水处理能力远低于北京、上海等城市,因此,加快污水收集配套管网建设,提高生活污水的截留率,按期完成污水处理工程建设和部分城市污水处理厂的扩容工程,提高城市污水集中处理率,将有利于改善天津市的水环境。

根据《天津市城市总体规划(2005—2020 年)》,至 2020 年,天津市污水处理率要达到 98%,预计新增污水处理能力为 5.52×10^5 t/d。此外,为改变天津市水环境质量恶化的现状,天津市环保局与天津市质量技术监督局联合颁布实施天津市强制性地方标准《污水综合排放标准》(DB 12/356.2008),其一级和二级限制标准较现行的国家标准《污水综合排放标准》(GB 8978.1996)有了较大幅度的提高,因此发展城市污水深度处理工艺,提高城市污水处理厂出水水质已经刻不容缓。经深度处理后的出水,可根据需要回用于工业、绿化、市政杂用、河道景观补水、农业灌溉等,还可以作为生活杂用水使用,实现污水的资源化,缓解天津市水资源短缺的压力。

(3)研究开发农村与农业面源污染控制技术。

天津市农业面源污染主要来自农田径流、农村生活污水及畜禽养殖污水。首先,畜禽养殖污染物控制应按照循环经济理念和农业生态学原理,以资源利用最大化和污染物排放量最小化为原则,走"集约化、资源化、无害化、生态养殖"的可持续发展道路,尽量采取农牧结合的方式,以便于养殖废物的收集、处理、消纳和控制。其次,研究开发符合农村特点的、经济高效的农村生活垃圾处理及资源化利用的技术和设备,研究高浓度畜禽有机废水的高效低耗预处理技术及厌氧处理出水高效低耗后续生态处理、资源化回用技术等畜禽养殖废水处理技术,村镇生活污水低成本处理与回用技术,组合人工湿地生态系统处理农村污水技术和农村生活污水的土地渗滤处理技术、农村人畜混合废水处理技术等农村生活污水处理技术。第三,加强农村径流污染控制,要减少农田水土流失,根据土壤性状和作物种类等确定施肥量,适时适量施肥,发展高效的施肥配套技术,提高施肥效率,减少过量的施肥流失;

同时扩大节水灌溉面积，发展节水灌溉技术，提高农田灌溉有效利用系数。

3. 改善水环境的其他措施

（1）针对海河干流区域水体流动缓慢、自净能力弱的特点，采用泵站、联通工程和节制闸、橡胶坝等控制性工程实现河道联通循环，增加水流速度，增大水体降解能力；对已丧失使用功能的水体进行及时交换，保证必需的使用功能。

（2）加强与上游省市的协调工作，保证来水的水质和水量。天津市地处海河下游，来水水质即已经超标，且由于水资源的缺乏，上游来水量少，使得天津市的入境水质和水量都得不到保证，进一步加剧了海河干流区域水环境的污染程度。

（3）对污染严重的河道定期进行清淤整治，减少底泥沉积污染物的释放，以防止底泥吸附的污染物重新释放，造成二次污染。

（4）修订和完善天津市污染物总量控制的政策法规。按照污染物排放总量控制的要求，修订完善地方性污染防治法规；结合天津市的实际情况，制定污染物总量控制管理条例，同时分步出台与其相配套的政策、法规、制度和规范，探索推行排污总量有偿分配、进行排污权交易制度等经济手段进行总量控制的可能性。

8.5.2　提升水环境承载力的综合管理对策

基于海河干流区域水环境承载力综合评价结果和海河干流区域产业发展导向政策，优化海河干流区域的产业发展格局，推进产业结构优化升级，形成以高新技术产业和先进制造业为支撑、现代服务业和高效生态农业全面发展的发展格局，实现海河干流区域经济持续、快速、协调发展，为社会经济发展规划提供参考。提升水环境承载力主要措施为调整天津市产业结构，改善工业产业布局；改造提升传统优势产业，加快淘汰落后生产能力；强化环境准入制度。

1. 调整产业结构，改善工业产业布局

海河干流区域产业结构总的特征是第二产业比重过大，第三产业发展滞后。2017 年与 2010 年相比，海河干流区域第一、第二、第三产业 GDP 占总 GDP 的比重变化不大。2010 年天津市第二产业 GDP 高达 57.3%，第三产业 GDP 仅为 40.5%，远远低于近邻北京的 72.1%。这些数据反映出海河干流区域的第二产业比较发达，但另一方面也反映出海河干流区域的产业结构不合理。考虑到天津市作为国际港口城市、北方经济中心和生态城市的最新城市定位，海河干流区域应由制造业基地向研发基地等科技方向转化，朝着补充金融功能和现代服务业方向发展，提高第三产业所占比重。

海河干流区域各区县经济发展程度不尽相同，但特色经济和块状经济分布明显，已形成了合理的工业布局形式，包括以天津经济技术开发区、西青开发区和新技术产业园区为核心的电子信息产业基地；以天津经济技术开发区和西青区、杨柳青为核心的汽车制造基地；以大港石油化工基地、临港工业区及周边地区为核心的国家级石化产业基地；以海河下游优质钢材深加工区为核心的高档管材、板材和金属制品生产基地；以天津经济技术开发区和北辰开发区为核心的医药产业基地和以新技术产业园区、津南和静海环保产业园为核心的新能源、新材料及环保产业基地。这些工业园区在国内同行业或同类产品中占有重要的地位。但仍存在以下问题：①市区内工业企业较多，既影响了周围环境又限制了企业发展；②沿外环线以外形成的工业小区和加工点过多，制约了海河干流区域工业今后的发展和城市总体规划；③个体、乡镇工业企业星罗棋布，对美化城市环境，保护生态环境带来不利影响，也给环境治理工作增加了难度。根据海河干流区域现有工业布局的特点，其工业布局的调整目标确定为加快工业战略东移步伐，大力发展都市工业，培育郊区特色工业，构建以滨海新区现代化工业为主、中心城区都市型工业和郊县区域特色工业相互补充、共同发展的新工业布局。

2. 改造提升传统优势产业，加快淘汰落后生产能力

石油和海洋化工、汽车和装备制造、现代冶金、医药加工等为海河干流区域的传统产业，在未来一段时间内，传统优势产业仍将是支撑海河干流区域经济增长的主体，应加大传统产业的技术改造力度，提升传统产业的产业层次，同时加快高新技术产业的发展，运用先进技术改造传统产业，推广高效低耗、节水节能、无废少废的新型实用技术，重点抓好技术装备更新、工艺创新、产品创新等关键环节。在用先进实用技术改造提升传统优势产业，大力发展高新技术产业的同时，加快淘汰落后生产能力的步伐，强制淘汰一批技术落后、高消耗、高污染、低产出的生产装备、工艺、项目和企业，积极扶持发展污染小、能耗物耗低、效益高的新型工业产业，彻底转变粗放型经济增长方式，切实解决当前部分高能耗、高污染和低层次行业和产业的重复建设问题，走新型工业化道路。

3. 强化环境准入制度

着眼于产业布局上控制污染，促进工业产业合理布局、经济结构调整和优化，着力解决结构性、行业性的污染问题，必须强化环境准入制度。从严控制新建化工、合成制药、味精、印染、电镀等污染严重的项目，新建企业要实行清洁生产，实现污染物的零排放，加强对污染源的申报登记管理。

第9章 海河干流开发建设风险分析

9.1 风险分析概述

9.1.1 风险分析及其研究的发展和现状

1. 风险分析及其研究的发展

风险分析是 20 世纪 60 年代发展起来的一门综合性边缘学科，它最初起源于可靠性分析，在 Chapman 所著的《Risk Analysis for Large Projects》一书中对风险分析做如下定义：风险分析是分析处理由不确定性产生的各种问题的一整套方法，包括风险辨识、风险估计和风险评价。

进入 20 世纪 70 年代，随着技术浪潮的兴起，风险分析已形成一门独立学科，它涉及医学、经济学、教育学、政治科学、系统工程、市场经济学、管理科学和心理学等众多的学科领域。目前，我国主要将风险分析应用于采矿、设备维护与更新、自动化仪表可靠性分析等领域。

2. 项目投资风险分析研究的国内外现状

对于一些大型工程的风险研究在国外已经开展，20 世纪 80 年代，美国起草了《水资源工程经济风险评价草案》，强调联邦水资源机构进行效益费用分析时必须作风险与不确定性分析。Haimes 等对水资源工程规划与管理中的风险效益分析进行讨论，标志着水资源工程经济风险分析的开创。1987 年，联合国贸易与发展会议组织出版的《发展中国家风险管理推广报告》促进了风险管理的普及。

我国在这方面起步比较晚。对于经济风险的研究是在国家对新建项目要有可行性研究后开始的。但实际上只限于盈亏平衡分析和敏感性分析。近年来，由于计算机的应用，风险技术的研究得到发展。项目投资风险分析在水利、石油、煤炭、化工等行业都有应用的实例。20 世纪 90 年代初，天津大学对我国跨越淮河输油系统和海上石油平台进行风险分析，取得了很好的效果。之后，天津大学结合大型工程建设项目风险特点，对大型工程项目动态风险分析方法进行了系统研究，分析和评价了目前风险分析存在的问题与不足，提出了一种根据时间序列构造风险分析影响图模型的方法，并且对影响图中的超价值结点概念与价值函数可分解性进行了讨论，针对超价值结点特性，将影响图与动态经济评价相对合，提出了大型工程项目动态风险分析方法。黎东升从企业财务评价的角度，阐述了工程项目投资决策风险分析的几种方法，并且对各种方法的优劣及其实际应用进行了必要的讨论。陈继跃、陶黎敏对建设项目经济评价新方法与动态进行了探讨，指出评价过程中应注意市场预测、多方案比选、风险分析等几个问题。谢怀涛、薛武平以工业项目投资决策为例，对风险分析在投资决策中的作用及风险分析方法进行了研究和探讨。齐才学结合柴达木盆地油气勘探实际，提出油气勘探开发项目投资的风险管理应分阶段、有步骤地进行，并归纳总结了国外大型石油公司在勘探开发投资项目风险管理方面的经验。陈旭升、孙勋成针对房地产投资的风险进行分析，提出了通过有效界面与无差异曲线减少风险的组合投资优化模型。陈宝峰、马晓瑾通过例证分析指出，项目投资财务分析中寻找主要致险因素常用的敏感性分析法存在明显不足，其不足之处在于它未考虑各因素对净现值的实际影响程度，提出了敏感差分析法，将各因素实际变化状况及其对评价值的敏感程度结合起来分析，考虑了各因素导致风险发生的可能性大小，其结果更为全面、客观。李继清、张玉山等采用层次分析方法，将水利工程经济效益系统分为防洪、发电、灌溉效益子系统，辨识出风险因子，建立了基于最大熵原理准则的经济效益风险分析模型，并给出求解方法。

在风险研究的方法上（这里主要指评价方法），使用的都是一些比较传统的工具，应用最多的是蒙特卡罗模拟随机方法，而模糊数学在风险研究领域的应用时间并不长，但已有研究。有的新工具如未确知有理数分析只是刚起步。从数学领域来对风险研究技术进行分类，可分为 5 类：精确数学分析、概率与数理统计分析、模糊数学分析、灰色分析、未确知有理数分析。

9.1.2 风险分析的基本概念

风险是对各种因素造成未来结果所具有不确定性规律的一种描述。风险分析主要通过风险辨识、风险估计和风险评价对系统中各风险进行评判，具体见图 9-1。

1. 风险

目前对风险尚没有统一的定义。通常的说法，风险是对特定系统危险事件的发生概率及其事件后果的综合描述。

风险定义的必要条件有 3 点：有事件的后果——某种损失或收益与之相联系；涉及某种不确定性，有发生概率的存在；涉及某种选择时，才称为有风险。

需要指出的是，风险与危险的含义有所不同，危险是指意外事件发生后会给当事人带来重大损失的那一类风险，风险是指不确定的损失，即可能对当事人造成损

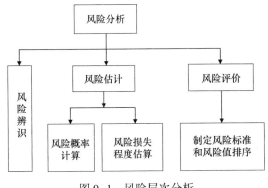

图 9-1　风险层次分析

失，也可能由于当事人恰当地利用风险，获取一定的收益。风险既是机会又是威胁，这就是风险的二重性。

2. 风险分析

风险分析是风险辨识和风险估计的全过程。其内容包括查明项目活动在哪些方面、哪些地方、什么时候可能会隐藏着风险，查明之后要对风险进行量化，确定各风险的大小以及轻重缓急。

3. 风险辨识

风险辨识是指对给定系统进行危险辨识，寻找全部危险源或发生危险的原因。它回答的问题是系统有几种可能的风险，产生风险的原因是什么，通常可列出风险来源表，将风险进行分类或分组，陈述风险的状况。当然，风险辨识的目的是找出主要的风险因素，如果将所有风险因素全部考虑，则问题将过于复杂，无法量化。

4. 风险估计

风险估计是指应用相关理论和方法对风险发生的概率进行计算，并估算风险在特定条件下，可能遭受的损失程度。损失程度大小要从损失性质、损失范围和损失的时间分布这 3 个方面来衡量。风险估计回答的问题是风险事项后果有多大。风险估计的方法有主观和客观两种，客观的风险估计以历史数据和资料为依据；主观的风险估计是在无历史数据和资料可参考，无法用试验或统计的方法来验证其正确性的情况下，根据人的经验和判断来估计风险。由于客观世界的复杂性，实践中也常常采用主观估计与客观估计相结合的办法进行风险估计。

5. 风险评价

风险评价是指在风险分析的基础上，对风险值进行排队，确定它们的先后顺序，同时制定相应的风险评价标准，用以判断该系统的风险是否可被接受，是否需要采取相应措施。它回答的问题是哪些是可接受的风险，必要时还可对风险划分等级。

9.2 风险分析的内容及方法

9.2.1 风险辨识及其方法

1. 风险辨识的一般步骤

在进行风险辨识之前，首先应该明确进行分析的系统，进行系统界定，然后将复杂的系统分解成比较简单的容易认识的事物，再根据收集的资料和分析人员的衡量，采用一定的方法对系统进行风险辨识，找出风险影响因素。

2. 风险辨识的方法

（1）头脑风暴法。头脑风暴法又称智暴法，它是在解决问题时常用的一种方法，具体来说就是团队的全体成员自发地组织在一起，并尽可能多地提出自己的主张和想法。进行头脑风暴法时能使参与者头脑活跃、思维敏捷，想出平时想不到的东西。利用头脑风暴法解决风险辨识问题，得到的风险因素会很全面。

（2）层次分析法。层次分析法就是利用图解的形式，将复杂的风险分解成比较容易被认识的小风险，将大系统分解成小系统，从而辨识风险的方法。层次分析法是一种系统分析方法，它以系统整体为基础，把所要研究的问题，按照树状的图式，分解成相互依存的多等级结构。层次分析法常用于直接经验较少的风险辨识。该方法的主要优点是比较全面地分析了所有引起风险发生的因素，因而包罗了系统内、外所有风险因素，比较形象化，直观性较强。不足之处是这种方法应用于大系统时，容易产生遗漏。

（3）情景分析法。情景本身既不是预言，也不是预测，它是以部分翔实和逻辑推理为基础，运用主观判断、推测、猜想来预测事物的发展趋势，描摹事物的未来前景全貌或若干细节的一种创造性的研究方法。这种方法有很大的局限性，即看不到整体情况。因为所有情景分析都是围绕着分析者当前的考虑、实现的价值观和信息水平进行的，容易产生偏差，这一点需要分析者和决策者有清醒的估计，可考虑与其他方法结合使用。

（4）专家调查法。专家调查法又称德尔菲法，它对风险因素的识别是以专家的知识、经验、知觉和判断力为基础的。采用该法基本程序如下：①邀请多名专家，发给事先设计好的调查表，请专家在调查表上填写自己的意见；②收回调查表，并进行汇总、整理，将整理结果作为参考资料再发给各专家，供他们分析判断，提出新的意见。如此反复多次，专家的意见渐趋一致，使最终的风险辨识结果越来越合理。

除以上介绍的几种风险辨识方法外，还可以参照历史资料或其他已完工的相似工程所发生的投资风险的情况来辨识当前工程投资的风险因素。

9.2.2　风险估计及其方法

风险估计主要是对风险发生的概率和所带来的损失进行估算。经常使用的有 3 种估计方法。

1.3 种估计方法的定义

风险估计应包含事件发生的概率和关于事件后果的估计两个方面。基于客观概率对风险进行估计就是客观估计；基于主观概率进行估计就是主观估计；部分采用客观概率、部分采用主观概率，所进行的风险估计称之为合成估计。

关于事件后果的估计同样有主观与客观之分。当其后果价值可直接观测时称为客观后果估计。主观后果估计则是由某一特定风险承担者本人的个人价值观和情况所决定的。在对后果主观估计与客观估计之间称为合成后果估计，即在考虑客观估计或主观估计的同时要对当事者本人的行为进行研究和观测，反过来对主观估计和客观估计作出修正。

2.3 种风险估计的关系

图 9-2 中给出了发生概率及后果的估计方法与各种风险的关系。图中横轴表示事件发生概率的估计，纵轴表示其后果的估计，两者合成为风险。这样，客观概率与客观后果估计会成为客观风险。迄今为止，多数的风险分析研究工作都集中在客观风险上，因为这种风险最容易确定和测量。包含有合成概率和合成估计的风险称作合成风险，在这种风险估计中，包含有当事人的行为表现。所有其他包含有主观概率和主观后果估计的风险都是主观风险。

图 9-2　3 种估计方法与 3 种风险的关系

根据大量统计资料可知，客观风险的概率及后果估计均最小，而主观风险的概率及后果估计为最大。

传统的风险估计都是用科学实验和测量的方法去计算客观概率。近年来像在整个决策科学当中一样，越来越多的人开始注意并研究当事人的表现和作用，因而关于合成概率的研究得到迅速发展，而对合成后果估计的研究也在行为科学中占据着重要的位置。

3. 直觉判断

直觉判断是主观估计的一种方式，常表现为某些个人对风险发生的概率及其后果作出迅速的判断。对于那些不能进行多次试验的事件，如重大的工程项目所具有的各种风险等，直觉判断常常是一种可行的办法。当一个人进行判断时，他实际上是在运用他长期积累的各方面的经验，但这些丰富的信息还不能明确地或显式地表达出来，而是一种隐式信息，但这并不妨碍他的判断可能是正确的。

4. 外推法

外推法（Extrapolation）是合成估计的一种方法，在风险估计中是十分有效的方法。外推法可分为前推、后推和旁推。

（1）前推法。前推法就是根据历史的经验和数据推断出未来事件发生的概率及其后果。这是经常使用的方法。如果历史记录呈现明显的周期性，那么外推可认为是简单的历史重现。

（2）后推法。如果没有直接的历史经验数据可供使用，可以采用后推的方法，即把未知的想象的事件及后果与某一已知的事件及其后果联系起来，这也就是把未来风险事件归算到有数据可查的造成这一风险事件的一些起始事件上。

（3）旁推法。旁推法就是利用不同的但情况类似的其他地区或情况的数据对本地区或情况进行外推，例如在进行风险较大的实验时，我们常采用的"试点""由点到面"的方法就是旁推法的一种。用从某一地区或单位取得的数据，去预测其他地区和单位的表现，这也是一种风险估计的方法。

9.2.3 风险评价标准

在风险估计的基础上，需要根据相应的风险标准，判断该系统的风险是否可被接受，是否需要采取进一步的安全措施，这就是风险评价过程中要完成的工作，在此过程中首先要有一个风险标准即参照系。在城市开发改造相关项目风险评价中，我们采用风险分类的方法对风险的严重程度进行评定。

根据风险对投资项目影响程度的大小及发生的可能性，可以将风险适当分类。最基本的分类是分为大、中、小3类。较常用的分类是很大、较大、一般、较小和很小。分类可依据实际情况而定。分类的原则是：

（1）风险发生的可能性很小，即使发生，造成的损失也很小，对项目的可行性和生命力无甚影响。这种风险可归为"很小"一类。

（2）风险发生的可能性较小，即使发生，造成的损失也较小，对项目的可行性和生命力有轻微影响。这种风险可归为"较小"一类。

（3）风险发生的可能性略大，或者一旦发生，会造成一定的损失，但损失程度还在项目本身可以承受的范围之内。这种风险可归为"一般"一类。

（4）风险发生的可能性较大，或者一旦发生，造成的损失也较大，对项目的可行性和生命力会有一定影响。这种风险可归为"较大"一类。还有一类风险也可以归为"较大"一类，即该风险一旦发生，造成的损失严重，但是发生的可能性很小，只要采取足够的防范措施，项目仍可接受或持续下去。

（5）风险发生的可能性很大，而且一旦发生，造成的损失也很大，对项目的可行性或生命力会有重大影响，一般情况下项目是不能接受的或不可持续下去的。这种风险就属于"很大"一类。

9.3 海河干流开发建设风险分析

9.3.1 风险辨识

9.3.1.1 风险辨识方法

本著采用层次分析法与专家调查法相结合的方法，并结合历史资料、大量相关文献和天津市其他相关工程的情况对海河开发改造投资进行风险辨识。

9.3.1.2 风险辨识结果

经过风险辨识得出海河干流区域开发改造投资风险因素。按风险的来源，可将风险分为四大部分：来自项目建造的风险、来自项目组的风险、来自国内的风险和来自国际的风险，并用系统分析的方法找出可能导致投资风险发生的风险因素和其子因素，便可得到风险因素图。

9.3.1.3 可管理的风险与不可管理的风险

可管理的风险是指可知或可预测，并且可以采取相应措施加以控制的风险。例如，项目目标不明、设计或施工变更等是可知的风险，分包商不能及时交工、施工机械出现故障等属于可预测的风险。这些风险都可以通过采取相应的措施而得到控制。

不可管理的风险与可管理的风险相反，是不可预测的，进而无法得到控制。它们是新的、以前未观察到或很晚才显现出来的风险。这些风险一般是外部因素作用的结果，例如地震、通货膨胀、政策变化等。

风险能否管理，取决于风险不确定性是否可以消除以及活动主体的管理水平。

要消除风险的不确定性，就必须掌握有关数据、资料和其他信息。随着数据、资料和其他信息的增加以及管理水平的提高，有些不可管理的风险可以变为可管理的风险。

在海河工程投资风险辨识结果中，来自国内的风险和来自国际的风险均属于不可管理的风险，即这些风险是无法预测的，同时，当这些风险发生时，我们也没有有效的措施来控制风险的发生。因此本著中不对这类风险进行分析。

来自项目建造和来自组织的风险属于可管理的风险，在对其进行风险分析后，可以通过采取适当的措施减小或消除风险的发生。因此，本著中将对这些风险进行分析，并在分析结果的基础上，提出一些应采取哪些风险控制措施的建议。

9.3.2 投资风险估算

9.3.2.1 风险概率计算方法

一般关于概率的计算方法有两种：一种是根据大量试验用统计的方法进行计算；另一种是根据概率的古典定义，将事件集分解成基本事件，用分析的方法进行计算。用这两种方法得到的概率数值都是客观存在的，不以计算者或决策者的意志而转移，故称为客观概率。在计算客观概率时，需要有足够多的信息。

但在很多情况下，我们无法获得足够的信息，特别是在进行风险分析时，我们所遇到的事件，如某项大型工程的可行性研究或某项投资的风险分析等，常不可能作大量试验，又因为事件是将来才发生的，所以也不可作出准确的分析，因而很难计算出客观概率。然而由于决策的需要，要求对事件出现的可能性作出估计，解决这一问题的方法一般是由决策者或专家根据对某事件是否发生的个人观点，用一个0到1之间的数字来描述此事件发生的可能性，此估计的概率数就是主观概率。

这种通过专家打分，得到概率的方法有一定的合理性，因为专家的判断虽是主观的，但不是凭空想象出来的，而是根据专家的宝贵经验和搜集来的资料得来的，有其可取的一面。但这种方法也存在一定的不足，例如，专家只是针对某一项目作出评判，所以专家的评判结果只适合该项目而没有通用性。因而每个项目进行风险分析时，都要请专家来做评判，为了消除专家的偏见需要邀请一定数量的专家参加评判工作，但由于专家的缺乏，会给评判工作带来很多不便，也会影响评判的结果。

基于上述原因，本著中利用一种新的概率计算方法——TAN，即用改进的逼近于理想解的排序方法（Technique for Order Preference by Similarity Ideal Solution, TOPSIS）从多组影响要素状态调查值中剔除一组或几组偏离实际情况较远的数据，然后综合平均得到各影响要素的状态值，再利用层次分析法分析获得各影响要素的权重系数，最后在已知事件状态值和隶属度的基础上应用神经网络响应面法分析，计算得到风险因素的发生概率。这种方法既可以模拟专家进行评价，准确地按照专家的评定方法进行工作，又具有一定的通用性。

1. TOPSIS 法

TOPSIS 法借助于一个多指标决策问题的理想解和负理想解去排序，如其中有一个解最靠近理想解，同时又最远离负理想解，则这个解应是方案集中最好的解。实际计算时，可以采用相对贴近度的测度来进行判断。该方法基于归一化后的原始数据矩阵，找出有限方案中的最优方案和最劣方案，然后获得某一方案与最优方案和最劣方案间的距离，从而得出该方案与最优方案的接近程度，并以此作为评价各方案优劣的依据。

2. 改进的 TOPSIS 法

本著中，影响要素有 100 多个，为从多组影响要素状态调查值中去除一组或几组偏离实际情况较远的数据，采用 TOPSIS。但是，若通过计算各单元指标值与最优值和最劣值的距离来判断多组影响要素状态调查值的实际化、准确化情况显然是不合理的。因此，对 TOPSIS 计算方法进行了改进，用状态调查值的平均值代替最优值和最劣值，然后计算每组调查值距离平均值的距离。最后，把已经求得的距离值用直观的曲线表示出来，去除那些偏离平均值的点，即从调查值中去除偏离实际情况较远的数据。

3. 层次分析法

层次分析法是对一些较为复杂、较为模糊的问题作出决策的简易方法，它特别适用于那些难以完全定量分析的问题，社会的发展导致了社会结构、经济体系及人们之间相互关系的日益复杂，人们希望在错综复杂的情况下，利用各种信息，通过理智的、科学的分析，作出最佳的决策。层次分析法将人们的思维过程层次化，逐层比较其间的相关因素并逐层检验比较结果是否合理，从而为分析决策提供了较具说服力的定量依据。层次分析法的提出不仅为处理这类问题提供了一种实用的决策方法，而且也提供了一个在处理机理比较模糊的问题时，如何通过科学分析，在系统全面分析机理及因果关系的基础上建立数学模型的范例。一般而言，层次分析法可按下列步骤进行：①分析思维的准则；②构造递阶层次；③设置权重；④测度；⑤递阶层次的分类；⑥构造递阶层次。

在构造递阶层次时，并没有什么不可违背的规则。构造递阶层次的途径依赖于所做决策的种类。如果现在要从候选方案中进行选择，那么就可以从最底层开始，先列出所有候选方案，然后上面的一层将是判断这些候选方案的准则，最高一层包含一个单一的元素，即目标，而所有的准则又都是按照它们对目标贡献的大小来判断其重要性。

由层次分析法得到各影响因素的权重值之后，可以综合得到上一级风险因素的状态值，并通过转化，得到其隶属度。将隶属度作为神经网络的输入，以求得风险发生的概率。

4. 神经网络响应面法

（1）响应面的基本理论。

投资风险分析涉及的影响因素众多，关系复杂。这些影响因素与风险概率之间是一个高度非线性的、难以用数学函数表达的复杂函数关系。因此，传统的一些依赖于状态函数的风险概率计算方法无法使用。因而要准确地计算出风险概率，必须对其进行必要的处理，将其之间的函数关系采用可计算的方式来表达。

响应面方法采用多项式响应面函数拟合真实状态函数，可以解决一些简单的问题，但对于高度非线性的复杂问题则难以应用，即便可以使用，计算精度也必然不能保证。

本著中采用神经网络响应面法拟合真实的状态函数，进行风险概率的计算。神经网络响应面具有强大的非线性映射能力，而且是由多个映射函数重叠构成，具有良好的柔软性，即使是对一些非线性非常强的函数，也可以以相当高的精度进行拟合。因此，只要选择出适当的网络结构，并且确定了网络的最优权值，便能方便地构筑出可以精确、快速、稳定地拟合任何复杂函数的神经网络响应面。

神经网络的模型参数分为三大类：网络的拓扑结构、网络中神经元的映射函数、神经网络的权值。

（2）神经元映射函数的选择。

结构可靠性分析，特别是大型结构系统的可靠性分析是一个非常复杂的非线性问题，因而，神经元映射函数的选择对构筑的神经网络响应面的质量是相当关键的。根据网络映射函数选取的研究结果，隐层需采用非线性递增函数。本著中采用实践效果较好的调和函数为映射函数，可保证计算的精度。

（3）神经网络权值的确定。

神经网络的最佳权值分布通过样本学习得到，样本学习的一般过程是先初始化神经网络的权值，该初始权值是在一定范围内随机取定的。在此权值分布下，计算样本的输出值，进而得到样本输出值 t 与网络的期望输出值 o 之间的误差。误差函数描述了当前权值分布下的网络的模拟精度，误差越小，模拟的精度就越高。因此，要获得高模拟精度的神经网络，就应该使误差函数最小。由于误差函数沿其梯度方向下降最快，于是可以按此方向不断调整权值，使误差函数不断减小直至满足精度要求。传统的反向传播（Back Propagation，BP）算法就是按这个原理计算最佳权值分布的。但反向传播算法本质上是一种梯度下降算法，其本身即存在着这种梯度下降优化算法的诸如容易陷入局部最优、收敛速度慢、初始权值难以确定等全部缺点。因此，本著采用改进的遗传算法进行网络的权值计算。

5. 改进的遗传算法

（1）繁殖算子的改进。

简单遗传算法中的繁殖算子是以适值函数值为基础的比例选择，个体被选择的次数与其适值成正比。这种比例选择机制存在两个问题：一是当群体中出现个别适值相当高的个体时，经过繁殖操作，该个体在下一代中数量大大增加，经过几代进化后，个体之间趋于一致，但距离最优点可能相距很远；二是当群体中的个体适值彼此非常接近时，繁殖操作将趋于纯粹的随机选择，使进化过程停滞。为解决这一问题，本著中采用一种新的繁殖操作，其基本算法为：①计算群体内各个体的适值；②将各个体适值排序，适值高的个体表示相对较优，适值低的表示个体相对较差；③用最优的 N 个个体代替 N 个最差的个体。

与比例选择机制相比，这种繁殖操作的最大优点在于保持了种群个体的多样性，即使有少数适值极高的个体出现，在下一代中也仅能复制一个，从而避免了整个种群的过早收敛。当然，这样会使进化的速度减慢。为了既保持种群的多样性，又不使收敛速度过慢，本著中综合采用两种方式在进化的初始阶段，采用上述新的繁殖操作来保持个体的多样性，在进化的后期，仍采用比例选择机制，以加快收敛速度。

（2）交换算子的改进。

传统遗传算法的交换算子是单点交换，这对于个体编码较短的问题是可行的。但如果个体的编码非常长，简单地进行单点交换就不能快速地实现个体的重新组合了，这将导致交换效率降低。为了提高交换效率，本著中采用多点交换算子，其过程如下：随机选择两个个体配对，每个个体分成段；在每一段随机确定交换点，独立地进行单点交换。

（3）变异算子的改进。

传统遗传算法的变异算子是单点变异，这对于个体编码较短的问题是可行的。但如果个体的编码非常长，简单地进行单点变异就能有效地实现个体的变异，这将导致变异效率降低。为了提高变异效率，本著中采用多点变异算子，每次变异时改变权值总数的 10%~20%。

（4）交换概率 P_c 和变异概率 P_m 的改进。

遗传算法主要通过交换和变异算子来模拟生物的进化机制，产生新的个体。其中的交换概率 P_c 和变异概率 P_m 是两个重要的控制参数，它们直接决定了个体的更新能力和算法在解空间的搜索能力，P_c 和 P_m 较大，可以使群体中个体的更新速度加快，算法在解空间探索新区域的能力增强。但 P_c 和 P_m 过大，将使高性能个体被迅速破坏，造成算法的性能不稳定。而 P_c 和 P_m 较小，则交换和变异根本不起作用，进化过程容易停止。为了既能保证算法的稳定性，又能加快进化的速度，本著中采用具有自适应机制的 P_c 和 P_m，若个体的适值较高，则采用较小的 P_c 和 P_m 以保护优秀个体；若个体的适值较低，则采用较大的 P_c 和 P_m 来促进新个体的产生。

（6）神经网络权值优化的目标函数。

如前所述，神经网络权值优化追求的目标是使网络的实际计算输出与样本的期望输出之间的误差最小，因此选择一种有效描述样本学习精度的误差函数作为权值优化的目标函数是非常重要的。

一般在设计误差函数时，采用误差的绝对量作为衡量标志。但实际上绝对误差形式的误差函数不能从根本上有效地提高各样本的相对逼近精度。所以，误差函数应该能同时反映样本点的绝对误差和相对误差。

（7）样本的训练方法。

传统的样本训练方法中，一般采用单样本训练模式，单样本训练是指每次只输入一个样本进行训练，使单个样本的误差减小，得到使这个样本误差函数最小的最佳权值。再在此基础上，输入下一个样本进行训练，直至所有样本训练完成。

单样本训练对每一个样本点来说，都可以达到理想的精度，每一次训练结束后，得到的权值的确使该样本误差最小，但在进行下一个样本点训练结束后，得到的权值却不一定能使上一个样本点满足误差最小条件。因此，只用单样本训练模式进行训练是难以使所有的样本点学习都达到较高精度的。为了更好地提高样本训练精度，本著中采用样本的批训练和单样本训练相结合的模式，提高训练的效率。

样本的批训练是指每次训练时同时输入所有的学习样本进行训练，训练的目的是使所有的样本的误差最小，以此得到使所有样本误差函数值最小的最佳权值分布。此时，样本的误差函数就应该体现所有样本的误差。

理论上，样本的批训练可以使所有的样本误差函数值最小，得到最佳权值分布，但这样的训练时间将是很长的。为了减少学习的时间，提高学习效率，在实际计算中，采用样本的批训练与单样本训练相结合的方式。首先对所有样本进行批训练，待训练达到一定的精度后即停止训练，检查各样本点的学习效果，从中找出训练最差的样本点对其进行单样本训练，使其误差函数最小，然后再次转入批训练。这样反复进行，直至得到的权值分布对所有样本误差函数都满足精度要求，该权值分布就是网络的最佳权值。

9.3.2.2 概率的计算结果

1. 利用改进的 TOPSIS 法和层次分析法计算风险因素的状态值

利用改进的 TOPSIS 法和层次分析法计算风险因素的状态值见表 9-1。

表 9-1　风险因素状态值

子项目	资金到位情况	施工队伍水平	材料能源供给	新工艺可靠性
绿化、广场	0.625, 0.375, 0	0.241, 0.579, 0	0.312, 0.687, 0	0.454, 0.546, 0
桥梁	0.625, 0.375, 0	0.5, 0.5, 0	0.25, 0.75, 0	0.597, 0.403, 0
道路	0.575, 0.425, 0	0.687, 0.313, 0	0.217, 0.783, 0	—
河道清淤	0.6, 0.4, 0	0.625, 0.375, 0	—	—
堤岸改造	0.575, 0.425, 0	0.5, 0.5, 0	0.231, 0.769, 0	0.5, 0.5, 0
两岸环境改善	0.625, 0.375, 0	0.656, 0.344, 0	0.25, 0.75, 0	—
停车场	0.575, 0.425, 0	0.5, 0.5, 0	0.335, 0.665, 0	0.417, 0.583, 0
泵站建设	0.644, 0.354, 0	0.5, 0.5, 0	0.393, 0.607, 0	0.5, 0.5, 0
管线切改	0.544, 0.456, 0	0.241, 0.759, 0	0.479, 0.521, 0	0.5, 0.5, 0
公建项目	0.625, 0.375, 0	0.549, 0.451, 0	0.168, 0.832, 0	0.736, 0.264, 0
子项目	设计的合理性	技术人员水平	项目的招标	自然环境景观
绿化、广场	0.454, 0.546, 0	—	0.45, 0.55, 0	—
桥梁	0.597, 0.403, 0	0.5, 0.5, 0	0.375, 0.625, 0	—
道路	—	0.167, 0.833, 0	0.563, 0.437, 0	—
河道清淤	—	—	0.45, 0.55, 0	—
堤岸改造	0.5, 0.5, 0	—	0.45, 0.55, 0	—
两岸环境改善	—	—	0.45, 0.55, 0	0.5, 0.5, 0
停车场	0.417, 0.583, 0	—	—	—
泵站建设	0.5, 0.5, 0	0.512, 0.488, 0	0.45, 0.55, 0	—
管线切改	0.5, 0.5, 0	0.537, 0.463, 0	—	—
公建项目	0.736, 0.264, 0	0.484, 0.516, 0	0.844, 0.156, 0	—
风险因素	子项目单位简历	项目负责人素质	组织管理体系	决策的科学性
状态值	0, 0.75, 0.25	0.703, 0.297, 0	0.382, 0.618, 0	0.752, 0.248, 0

注：表中对应的三个数字分别代表低风险状态、中风险状态和高风险状态。

2. 利用神经网络响应面法计算风险发生的概率

利用训练好的神经网络响应面，将表 9-1 所列的风险因素状态值作为神经网络数值输入就可以得出各风险发生的概率值，结果如表 9-2 所示。

表 9-2　风险发生概率（TAN 法）

子项目	资金到位情况	施工队伍水平	材料能源供给	新工艺可靠性
绿化、广场	9.76×10^{-6}	1.69×10^{-5}	$56\,979\times10^{-4}$	—
桥梁	9.8×10^{-6}	2.32×10^{-5}	6.59×10^{-4}	1.475×10^{-5}
道路	1.125×10^{-5}	7×10^{-6}	2.089×10^{-4}	2.298×10^{-5}

子项目	资金到位情况	施工队伍水平	材料能源供给	新工艺可靠性
河道清淤	1×10^{-5}	2.5×10^{-6}	—	
堤岸改造	1.025×10^{-5}	2.27×10^{-5}	5.109×10^{-4}	—
两岸环境改善	9.8×10^{-6}	1×10^{-6}	0.652×10^{-4}	
停车场	1.025×10^{-5}	2.19×10^{-5}	0.4994×10^{-4}	—
泵站建设	9.397×10^{-6}	2.19×10^{-5}	3.24×10^{-4}	1.503×10^{-5}
管线切改	1.807×10^{-5}	1.7×10^{-5}	2.267×10^{-4}	1.379×10^{-5}
公建项目	9.89×10^{-6}	10^{-5}	4.166×10^{-4}	1.274×10^{-5}
子项目	设计的合理性	技术人员水平	项目的招标	自然环境景观
绿化、广场	5.145×10^{-4}	—	5×10^{-4}	—
桥梁	3.91×10^{-4}	2.32×10^{-5}	2×10^{-3}	—
道路	—	2.298×10^{-5}	4×10^{-4}	—
河道清淤	—	—	5×10^{-4}	—
堤岸改造	4.868×10^{-4}	—	5×10^{-4}	—
两岸环境改善	—	—	5×10^{-4}	2.189×10^{-5}
停车场	6.607×10^{-4}	—	—	—
泵站建设	4.798×10^{-4}	2.876×10^{-5}	5×10^{-4}	—
管线切改	4.786×10^{-4}	7.034×10^{-5}	—	—
公建项目	8.87×10^{-5}	1.733×10^{-5}	10^{-4}	—
风险因素	子项目单位简历	项目负责人素质	组织管理体系	决策的科学性
状态值	2.4754×10^{-4}	4.107×10^{-6}	3.51×10^{-5}	6.55×10^{-6}

9.3.2.3 TAN 方法的检验

1. 径向基函数神经网络

径向基函数（Radial Basis Function，RBF）神经网络，是由 Broomhead 和 Lowo 于 20 世纪 70 年代末提出的一种神经网络。RBF 神经网络既具有生物背景，又与函数逼近理论相吻合，它适用于多变量函数的逼近，其非线性映射的效果比其他基函数网络优越，因此，在许多领域内得到了应用。

神经网络的控制主要应用神经网络的函数逼近功能，从这个角度来说，神经网络可分为全局逼近神经网络和局部逼近神经网络。全局逼近神经网络即网络的一个或多个权值或自适应可调参数在输入空间的每一点对任何一个输出都有影响。例如 BP 神经网络。对于每个输入输出数据对，全局逼近神经网络的每一个权值均需要调整，从而导致网络的学习速度很慢，这是一个不可忽视的缺陷。局部逼近网络与之相反，对于每个输入输出数据对，只有少量的权值需要进行调整，从而使网络具有学习速度快的优点。RBF 神经网络是一种典型的局部逼近神经网络，它在逼近能力、分类能力和学习速度等方面均优于 RBF 神经网络。

2. 风险发生概率的计算结果

利用 RBF 神经网络法得到的风险发生概率如表 9-3 所示。

表 9-3　风险发生概率（RBF 神经网络法）

子项目	资金到位情况	施工队伍水平	材料能源供给	新工艺可靠性
绿化、广场	$9.8×10^{-6}$	$1.7×10^{-5}$	$6.034×10^{-4}$	—
桥梁	$9.8×10^{-6}$	$2.19×10^{-5}$	$6.52×10^{-4}$	$1.467×10^{-5}$
道路	$1.025×10^{-5}$	$5×10^{-6}$	$5.089×10^{-4}$	$2.268×10^{-5}$
河道清淤	$1×10^{-5}$	$2.5×10^{-6}$	—	—
堤岸改造	$1.025×10^{-5}$	$2.19×10^{-5}$	$5.109×10^{-4}$	—
两岸环境改善	$9.8×10^{-6}$	$1×10^{-6}$	$0.652×10^{-4}$	—
停车场	$1.025×10^{-5}$	$2.19×10^{-5}$	$0.4994×10^{-4}$	—
泵站建设	$9.48×10^{-6}$	$2.19×10^{-5}$	$3.14×10^{-4}$	$1.503×10^{-5}$
管线切改	$1.807×10^{-5}$	$1.7×10^{-5}$	$2.267×10^{-4}$	$1.379×10^{-5}$
公建项目	$9.8×10^{-6}$	10^{-5}	$4.144×10^{-4}$	$1.274×10^{-5}$
子项目	设计的合理性	技术人员水平	项目的招标	自然环境景观
绿化、广场	$5.235×10^{-4}$	—	$5×10^{-4}$	—
桥梁	$3.571×10^{-4}$	$2.189×10^{-5}$	$2×10^{-3}$	—
道路	—	$2.268×10^{-5}$	$4×10^{-4}$	—
河道清淤	—	—	$5×10^{-4}$	—
堤岸改造	$4.768×10^{-4}$	—	$5×10^{-4}$	—
两岸环境改善	—	—	$5×10^{-4}$	$2.189×10^{-5}$
停车场	$6.607×10^{-4}$	—	—	—
泵站建设	$4.768×10^{-4}$	$2.876×10^{-5}$	$5×10^{-4}$	—
管线切改	$4.786×10^{-4}$	$7.034×10^{-5}$	—	—
公建项目	$8.94×10^{-5}$	$1.733×10^{-5}$	10^{-4}	—
风险因素	子项目单位简历	项目负责人素质	组织管理体系	决策的科学性
状态值	$2.504×10^{-4}$	$3.996×10^{-6}$	$3.29×10^{-5}$	$6.245×10^{-6}$

3. TAN 方法的检验结果

通过对利用两种方法计算的风险发生概率的结果对比，两种方法所得的结果相差不大，因此可证明 TAN 方法的计算结果具有真实、可靠性。

9.3.2.4 海河干流开发投资风险损失的估计

对海河干流环境改善工程可能发生的风险的损失进行分析时，不但要考虑经济上的损失，还要考虑到对海河干流区域的声誉和发展可能造成的损失。根据海河干流环境改善工程今后的状况调研的结果，将海河干流环境改善工程投资可能发生的风险的损失定级如表9-4所示。

表9-4　风险损失定级

风险	风险损失级别
由资金到位情况引起的风险	V_5
由施工队伍引起的风险	V_4
由能源及材料供给引起的风险	V_4
由采用新材料、新工艺的可靠性引起的风险	V_2
由设计的合理性引起的风险	V_4
由现场技术人员的水平引起的风险	V_2
由项目招标引起的风险	V_5
由项目建设后的自然环境及景观状况引起的风险	V_2
由子项目单位的简历、完善情况引起的风险	V_4
由项目负责人的综合素质引起的风险	V_3
由组织决策的科学性引起的风险	V_3
由项目组织管理体系的规范程度引起的风险	V_1

9.3.3　风险评价

9.3.3.1　风险分类标准

得到风险发生概率和对其造成的后果进行估算后，就可以确定各风险的大小，并且对风险进行评价。

根据海河环境改善工程投资风险发生概率的计算结果，工程各风险发生概率主要分布在 $10^{-6} \sim 10^{-5}$、$10^{-5} \sim 10^{-4}$、$10^{-4} \sim 10^{-3}$ 3个区间，因此，在对风险大小进行评判时，风险发生的概率分为3种，即风险发生概率"小"、风险发生概率"略大"和风险发生概率"大"。

9.3.3.2 海河干流两岸基础设施投资风险评价结果

1. 风险大小的确定

海河工程投资风险评价结果如表9-5所示。

表9-5 海河干流环境改善工程投资风险评价结果

风险损失等级	发生概率小（$10^{-6} \sim 10^{-5}$）	发生概率略大（$10^{-5} \sim 10^{-4}$）	发生概率大（$10^{-4} \sim 10^{-3}$）
V_1	—	项目管理体系的规范程度	—
V_2	—	现场技术人员的水平； 新材料、新工艺的可靠性； 自然环境与景观状况	—
V_3	项目负责人的综合素质； 组织决策的科学性	—	—
V_4	施工队伍的水平	—	材料及能源供给； 设计的合理性； 子项目单位的建立与完善
V_5	资金到位情况	—	项目的招标

从风险评价结果可以看出，施工队伍水平、项目负责人的综合素质和组织决策的科学性的状态很好，所引发的风险发生的概率属于"小"的一类，即使施工队伍的水平损失较大，但发生的可能性很小。所以，施工队伍水平、项目负责人的综合素质和组织决策的科学性这3个风险因素将不会对海河项目造成不良的影响，而由资金到位情况引发风险损失很大，因此其所带来的风险不容忽视。

项目管理体系的规范程度，现场技术人员的水平，新材料、新工艺的可靠性，自然环境与景观状况4个风险因素的发生概率"略大"，但由于这些因素所导致的风险其损失程度较小，因此也不会对海河工程带来大的风险。

资金到位情况、材料及能源供给、设计的合理性、子项目单位的建立与完善和项目的招标5个风险因素所引发的风险概率大并且损失严重，因此需要对这些风险因素进行认真的分析，并找出应对这些因素带来风险的措施。

2. 海河干流环境改善工程投资风险大小评判结果分析

针对以上得出的海河环境改善工程投资风险大小评判结果，并通过对海河干流工程具体情况的调研，本著中对工程中资金到位情况、材料及能源供给、设计的合理性、子项目单位的建立与完善和项目的招标5个风险因素可能引发大的风险的原因进行分析。

（1）资金到位情况。

海河工程所需资金除通过向开发银行贷款获取部分资金外，还有部分资金尚未落实。这部分资金缺口能否得到及时地弥补将对工程工期和质量造成重大的影响，因此应想尽一切切实可行的方法来弥补资金的短缺。

（2）材料及能源供给。

海河干流环境改善工程规模宏大，工程对建筑材料及能源的需求也将是巨大的。中国的建材市场货源充足，因此工程所需建筑材料的数量可以得到满足。需要关心的问题是材料的质量和价格。

目前，市场上建筑材料的价格不一，质量也良莠不齐。负责材料采办的单位能否为海河工程提供质优价廉的建筑材料将会对该工程造成很大的影响。建筑材料质量不合格将给项目的建造质量带来隐患，轻者会影响到建筑物的美观，例如，建筑物外表的装饰脱落，从而不利于海河工程美化天津的目的；重者会造成建筑物的严重损害和人员伤亡，例如，桥梁的倒塌，从而影响到市政府在天津百姓乃至全国人民心目中的形象。

建筑材料的购买价格也将对工程造成很大的影响。由于工程所需建材数量巨大，因此即使购买的价格稍高，也会大大增加工程的投资，使海河工程在经济上受到很大的损失。因此，需要对工程的材料及能源供给采取有效的措施，以控制其带来的风险损失。

3. 设计的合理性

海河干流区域环境工程的主要目的之一是要将海河打造成最能体现天津历史文化和展示天津特色城市景观和现代化城市的一道靓丽风景线。

从调研的情况看，桥梁和公益性公建项目的设计均能体现出天津的历史文化。但河东区南站中心商务区、河西区小白楼中心商务区等节点广场、绿化等工程均属于商业广场，主题单一。海河带商业区数量不少，每一个商业区能否设计出自己的特色将会给海河工程的建造结果带来很大的影响。如果每个商业区都有自己独树一帜的地方，将会给海河增添靓丽的一笔，相反，如果商务区大体一致则会使得海河的景观稍显逊色。

除此之外，停车场虽很难体现天津的文化特色，但如果对停车场的设计不周也会影响到海河的景观。停车场规模设计得不合理会使得停车拥挤，车辆摆放不整。停车场位置设计得不合理将会影响周边环境的整体效果。破旧的自行车与装饰一新的建筑物和绿地广场将形成极不协调的画面。

4. 子项目单位的建立与完善

海河干流环境改善工程规模宏大，包括道路扩建项目、桥梁建造项目、绿化广场项目、停车场建设项目、管线切改项目、泵站建设项目、公益性公建项目、河道清淤项目和堤岸改造项目。同时，每一个子项目也是大工程。因此，为了便于项目的管理，需要对各子项目建立子项目单位。但是，根据对海河工程调研的结果，有的子项目工程已经开工，但子项目单位的成立尚未完成，这将使得与子项目有关的各项关系很难理顺，尤其是财务关系，进而导致对项目的管理和调控困难加大，给今后带来不必要的麻烦。

5. 项目的招标

项目的招标本身对项目而言就十分重要。因为招标结果的好坏将直接影响到项目的投资成本、项目建造质量和工期的保证。

从调研的结果可分析出，由于海河干流环境改善，工程大部分是由天津市政府负责，因此可以保证工程的投标过程是按照国家有关项目招标的规定进行的。但是对投标单位范围的选择上不是很合理。目前，所选择的海河工程投标单位绝大部分是天津市的施工单位，范围比较窄。海河项目工程量大，工期紧，将投标单位限制在天津市内，会造成由于施工力量不足而拖延工期。

以上通过对 5 个大的风险进行分析，找出了其成为风险的原因，为下一步能够有的放矢地采取环境管理控制措施打下了良好的基础。

第 10 章　结　论

（1）本著在对以往关于环境污染与经济发展模型进行分析的基础上，结合天津市海河干流区域的特点，对以往的环境污染与经济发展模型进行了修订，通过增加一项待估参数，用以描述经济发展对环境指标的影响，使得计量模型能够更准确地反映经济发展与环境质量变化之间的关系。同时本著将环境质量与经济发展的计量模型研究与河流的限排总量分析结合起来，增强了这种计量模型的应用性，为区域的环境管理政策制定提供了一定的参考。另外在对模型进行检验的过程中，引用数据相对其他研究较长，增加了模型拟合的准确性，这些都为环境质量与经济发展模型的深入研究提供了理论依据。

（2）本著利用修订的计量模型对天津市经济发展与环境质量变化进行了模拟，根据模拟结果，地区生产总值总量变化与工业废水、工业废气、固体废弃物等污染物排放都呈较为明显的倒 N 形曲线分布关系，其相关性也较强。从结果来看，各项污染物的模型中经济发展指标目前都超过了曲线中的二次拐点：一方面说明天津市的环境保护政策效果明显，依靠科技力量和环保力量的不断投入，使得环境质量得到了较为明显的改善；另一方面也说明在目前的投入水平下，天津市的经济发展水平还有较大空间，在出现环境质量恶化的拐点前，还有较长的时间。为了尽可能延长拐点的出现，天津市可采取改变产业结构现状、增加环保投入等一系列手段。通过本著可以看出，天津市近十几年以来，制定和实施的一系列环境保护政策对工业污染防治和环境质量恶化趋势的遏制都起到了积极的作用。从工业废水污染防治角度来看，近年来天津市的工业废水排放一直是下降的，反映了水污染环境政策的强有力的调控作用。相对而言，工业废气和工业固废还需采取更有效地防治政策和措施，才能缓解和控制两者排放量不断上升的发展趋势。根据天津市环境政策绩效评价结果，只要加强环境经济政策调控，环境污染是可以有效控制的。

（3）本著中根据水环境纳污能力和限排量的研究成果，提出了开展典型行业的清洁生产与生态工业园区的循环经济模式，提高城市污水处理率，发展城市城镇生活污水深度处理与再生水回用技术，开展农村与农业面源污染控制技术的研究，进行城市径流控制等污染物削减措施。提出调整海河干流区域产业结构，改善工业产业布局；改造提升传统优势产业，加快淘汰落后生产能力；强化环境准入制度作为提升海河干流区域水环境承载力的主要措施。

（4）本著在对目前较常用的风险概率计算方法进行深入的研究后，提出了一种新的风险概率的计算方法——TAN 法。TAN 法是将改进的 TOPSIS 方法和神经网络相结合的一种方法。TAN 法既可以模拟专家进行评价，准确地按照专家的评定方法进行工作，又具有一定的通用性。利用该方法，对海河干流区域环境改造建设风险进行了分析，结果表明，海河干流区域环境改造基础设施建设在资金到位情况、材料及能源供给、设计的合理性、子项目单位的建立与完善和项目的招标这 5 个方面存在一定的风险，但只要采取相应的措施进行风险控制，海河干流区域环境改造基础设施建设工程可以顺利地进行，并会给予海河干流区域综合开发改造项目的后续工程有力的保证和宝贵的经验。

（5）本著在研究环境质量与经济发展计量模型的同时，还将研究成果与河流污染限排方案的制定联系起来，对天津市的主要河流——海河干流的污染限排进行了分析，这在以往的研究中还很少见到，也开拓了一种新的研究思路。但是受资料收集的限制，例如海河干流污水收纳量占天津整体污水排放的比例、海河干流流量变化相关数据等，本著在这方面的研究还有待完善，在今后可以重点针对这些方面进行研究，对环境质量与经济发展计量模型在河流限排分析中的应用进行完善补充，提高河流限排方案的科学性，这对于流域治理和城市的环境改善都具有重大的意义。

主要参考资料

包群,彭水军,阳小晓,2005.是否存在环境库兹涅茨倒 U 型曲线?上海经济研究(12):3-13.

曹凤中,2002.中国发生持久性环境危机的经济学初步分析.陕西环境,9(6):5-8.

曹光辉,汪锋,张宗益,等,2006.我国经济增长与环境污染关系研究.中国人口资源与环境,16(1):25-29.

陈东,李琳,等,2004.湖南经济增长与环境质量演进实证研究.湖南经济管理干部学院学报,15(4):13-14.

陈文华,刘康兵,2004.经济增长与环境质量:关于环境库兹涅茨曲线的经验分析.复旦学报(社会科学版)(2):87-94.

陈兴鹏,范振军,于兴丽,等,2004.兰州市经济发展与生态环境互动作用机理研究.兰州大学学报(自然科学版),40(5):72-82.

陈艳莹,2002.污染治理的规模效应与环境库兹涅茨曲线——对环境库兹涅茨曲线成因的新解释.预测(5):46-49.

陈玉平,2001.国际经济与环境协调发展实践及其对中国的启示.中国生态农业学报,9(4):13-17.

陈质枫,2004.天津市海河开发改造投资风险分析.天津:天津大学.

崔文彦,罗阳,王迎,等,2007.海河流域湿地生态服务价值评价及对策研究.水生态(6):13-17.

董相如,2007.淮北市河流纳污能力及污染控制的研究.合肥:合肥工业大学.

冯树才,李国柱,2006.中国经济增长与环境污染关系的 Kuznets 曲线.统计研究(8):37-40.

高铜涛,2007.安徽省经济增长与主要污染物排放的数量关系研究.合肥:合肥工业大学.

高振宁,缪旭波,邹长新,2004.江苏省环境库兹涅茨特征分析.农村生态环境,20(1):41-43,59.

葛健,2016.我国区域环境库兹涅茨曲线的验证及影响因素分析.大连:大连理工大学.

贺瑞敏,2007.区域水环境承载能力理论及评价方法研究.南京:河海大学.

洪阳,架胜基,1999.环境质量与经济增长的库兹涅茨关系探讨.上海环境科学,18(3):112-114.

胡明秀,胡辉,王立兵,2005.武汉市大气环境质量库兹涅茨特征分析.武汉工业学院学报,24(1):72-75,80.

胡明秀,胡辉,王立兵,2005.武汉市工业"三废"污染状况计量模型研究——基于环境库兹涅茨曲线(EKC)特征.长江流域资源与环境,14(4):470-474.

胡宗义,刘亦文,唐李伟,2013.低碳经济背景下碳排放的库兹涅茨曲线研究.统计研究(2):73-79.

黄铮,外冈丰,宋国君,等,2006.中日环境库兹涅茨曲线的比较和启示.环境与可持续发展(2):9-11.

蒋平安,李卫红,何宇,等,2003.开孔河纳污能力分析与评价.水土保持学报(9):130-132.

李春生,王栩,庄大昌,等,2006.经济发达城市经济增长与环境污染关系分析——以广州市经济增长与废水排放关系为例.系统工程,24(3):63-66.

李国柱,李从新,郧彦辉,2005.河北省经济发展与环境污染关系研究.统计与决策(5):94-95.

李海鹏,叶慧,张俊鹰,2006.中国收入差距和环境质量关系的实证检验——基于对环境库兹涅茨曲线的扩展.中国人口资源与环境,16(2):46-50.

李慧明,卜欣欣,2003.环境与经济如何双赢——环境库兹涅茨曲线引发的思考.南开学报(哲学社会科学版)(1):58-64.

李希萍,2005.中美EKC曲线的比较及分析.黑龙江对外经贸(3):14-17.

李周,包晓斌,2002.中国环境库兹涅茨曲线的估计.科技先导(4):57-58.

凌亢,王浣尘,刘涛,2001.城市经济发展与环境污染关系的统计研究——以南京市为例.统计研究(10):46-52.

刘德文,于卉,王立明,2006.海河流域纳污能力与限制排污总量分析.海河水利(6):4-7.

刘华军,闫庆悦,孙日瑶,2011.中国二氧化碳排放的环境库兹涅茨曲线——基于时间序列与面板数据的经验估计.中国科技论坛(4):108-113.

刘兰芬,张翔伟,夏军,1998.河流水环境容量预测方法研究.水利学报(7):16-20.

刘莉,2005.广东省环境库兹涅茨分析.环境科学研究,18(6):7-11.

陆虹,2000.中国环境问题与经济发展的关系分析——以大气污染为例.财经研究,26(10):53-59.

马士华,林鸣,2003.工程项目实务范式、方法与管理表格.北京:北京电子工业出版社.

庞熙,2006.排污口群污染物控制排放量与削减量的计算.人民珠江(3):45-47.

孙爱存,2006.对青海经济发展与环境污染关系的研究.经济师(2):271-272.

孙立,李俊清,2004.可利用的水与环境库兹涅茨曲线的拓展和分析.科学技术与工程,4(5):403-408.

田立新,姚洪兴,黄苏海,2004.经济增长条件下环境库兹涅茨曲线方案的改进.江苏大学学报(社会科学版),6(5):75-79.

王光升,2013.中国沿海地区经济增长与海洋环境污染关系实证研究.青岛:中国海洋大学.

王桂新,刘㛃芸,2006.上海人口经济增长及其对环境影响的相关分析.亚热带资源与环境学报,1(1):41-50.

王琴梅,2004.西部开发与环境可持续发展的矛盾冲突及化解.新疆大学学报(社会科学版)(3):4-7.

王瑞玲,陈印军,2005.我国"三废"排放的环境库兹涅茨曲线特征及其成因的灰色关联度分析.中国人口·资源与环境,15(2):42-47.

王西琴,李芬,2005.天津市经济增长与环境污染水平关系.地理研究,24(6):834-842.

王晓华,2006.河南省经济增长与环境质量的实证分析.经济论坛(22):25-28.

王学山,吴豪,陈雯,2004.区域环境质量与经济发展关系模型研究.长江流域资源与环境,13(4):317-321.

王宜虎,崔旭,陈雯,2006.南京市经济发展与环境污染关系的实证研究.长江流域资源与环境,15(2):142-146.

吴承业,袁达,2000.中国工业经济和环境协调发展的经济计量分析.数量经济技术经济研究(10):

15-17.

吴海鹰,张胜林,2005.西部地区经济发展与环境质量关系的实证研究.宁夏社会科学(5):29-33.

吴开亚,陈晓剑,2003.安徽省的经济增长与环境污染水平的关系研究.重庆环境科学,25(6):9-11.

吴玉萍,董锁成,2002.北京市环境政策评价研究.城市环境与城市生态,15(2):4-6.

吴玉萍,董锁成,宋键峰,2003.北京市经济增长与环境污染水平计量模型研究.地理研究,21(2):239-245.

谢贤政,万静,高亳州,2003.经济增长与工业环境污染之间关系计量分析.安徽大学学报(哲学社会科学版),27(5):144-147.

邢秀凤,曹洪军,胡世明,2005.青岛市"三废"排放的环境库兹涅茨特征分析.城市生态与城市环境,18(5):33-37.

邢秀凤,刘颖宇,2006.山东省的经济发展与环境保护关系的计量分析.中国人口·资源与环境,16(1):58-61.

徐进,王世和,2005.大沽河干流青岛段纳污能力及排污总量控制分析.安全与环境工程(9):18-21.

杨先明,黄宁,2005.环境库兹涅茨曲线与增长方式转型.云南大学学报(社会科学版),3(6):45-51.

张焕林,高松泰,陈红卫,等,2004.限制入河排污总量的分析计算.水资源研究(9):33-36.

张凯,2005.循环经济对环境库兹涅茨曲线的影响分析.中国发展(1):12-16.

张晓,1999.中国环境政策的总体评价.中国社会科学(3):88-99.

郑建平,王芳,华祖林,等,2005.海河河口生态需水量研究.河海大学学报(自然科学版),33(5):518-521.

郑易生,2000.环境与经济双赢乌托邦的误区与现实选择.中国人口·资源与环境,10(3):112-114.

周德田,郭景刚,2012.基于VAR模型的青岛市经济增长与环境污染的实证研究.中国石油大学学报(社会科学版)(6):28-31.

朱琳,张晓萌,2005.西部地区经济增长与环境污染水平的计量模型.统计与决策(2):58-59.

朱智溶,2004.环境库兹涅茨曲线对中国水环境分析中的应用.河海大学学报(自然科学版),32(4):387-390.

ANIL M,ALEXANDER C.SUZETTE.P,2006.Empirical analysis of national income and SO$_2$ emissions in selected european countries.Environmental and Resource Economics,35:221-257.

BULTE E H,VAN SOEST D P,2001.Environmental degradation in developing countries:households and the (reverse) Environmental Kuznets Curve.Journal of Development Economies,65:225-235.

DESBORDES R,VERARDI V,2012.Refitting the Kuznets Curve.Economics Letters,116(2):258-261.

GROSSMAN G M,KRUEGER A B,1992.Environmental impacts of a north american free trade agreement.NBER Working Papers No.W3914.

GROSSMAN G M,KRUEGER A B,1995.Economic growth and the environment.Quarterly Journal of Economic,110(2):353-337.

HETTIGE H,MANI M,WHEELER D,2000.Industrial pollution in economic development:the Environmental Kuznets CURVE revisited.Journal of Development Economies,62:445-476.

KUZNETS S,1955.Economic growth and income equality.American Economic Review,45(1):1-28.

LIST J A,GALLET C A,1999.The Environmental Kuznets Curve:does one size fit all? Ecological Economics,31:409-423.

MARCO B,GIANGIAEAMO B,2008. A consumption-based approach to Environmental Kuznets Curves using the ecological footprint indicator.Ecological Economics,65(3):650-661.

PANAYOTOU T,1993.empirical tests and policy analysis of environmental degradation at different stages of economic development.Geneva:World Employment Programme Research,Working Paper No.238,International Labour Office.

SHAFIK N,1994.Economic development and environmental quality:an econometric analysis.Oxford Economic Papers,46:757-773.

SHUKL A V,PARIKH K,1992.The environmental consequences of urban growth:cross-national perspectives on economic development,air pollution,and city size.Urban Geography,13(5):422-449.

STERN.D.I,COMMON.M.S,2001.Is there an Environmental Kuznets Curve for sulfur? Journal of Environmental Economics and Management,41(2):162-178.

VOLLEBERGH H,MELENBERG B,DIJKGRAAF E,2009.Identifying reduced-form relations with panel data:the case of pollution and income.Journal of Environmental Economics and Management,58:27-42.

WANG S X,FUY B,ZHANG Z G,2015.Population growth and the Environmental Kuznets Curve.China Economic Review,36:46-65.

YIN J H,ZHENG M Z,CHEN J,2015.The effects of environmental regulation and technical progress on CO_2 Kuznets Curve:an evidence from China.Energy Policy,77:97-108.